JN140034

WHISKY SYMPHONY

ウイスキーシンフォニー

ウイスキー造り１００年を超えて

新　版

嶋谷幸雄
YUKIO SHIMATANI

たる出版

ウイスキーシンフォニー

Whisky Symphony

――ウイスキー造り100年を超えて――

新版

まえがき

同じ西洋起源の酒でも醸造酒であるワインやビールは世界中の各国、各地域で造られているのに対し、蒸溜酒であるウイスキーの名産地は極めて限られている。元来、原料品質への依存度が圧倒的に大きいといわれるワインの方が生産地域限定が厳しいと思われるが、現実にはウイスキーの方が名産地の数が遥かに少ない。

それは何故かは明確にはいえないが、造りや貯蔵の手段の違いと共に、ウイスキーを生み出し育てる環境の影響も大きいようである。天候、水、貯蔵庫を囲む自然といったいわゆる風土がウイスキーの味わいに色濃く投影されている。従って私達はウイスキーを造るというより「育てる」といっている。

それだけに日本という風土の中で日本のウイスキーを世界のウイスキーに比肩できるまでに育てるのには想像以上の難しさがあった。途中に大きな戦争もあり、ウイスキーの灯を消さずに品質を高める努力を怠らなかった先輩達の苦労には頭が下がる。そして今もその努力を惜しんではいない。

日本にウイスキーが生まれて100年となるが、その半分以上の年数を私はウイスキーと共にいた。先輩の苦労と成果を受け継ぎ、仲間達と様ざまな試みをやってきたし、またウイスキーの香味のすばらしさや奥の深さを味わってきた。そして蒸溜所においで頂いた多くのお客様にウイスキーの魅力について語り続けてきた。

以前からウイスキーについて書いたらとサントリー広報部長でおられた安村圭介氏に何度もお勧め頂いたが当時は仕事に追われお応えすることができなかった。その後、仕事も落ち着き月刊『たる』の主宰者である髙山惠太郎氏のお勧めで同誌にウイスキーに関する経験や想いを書き始めた。評論ではなく毎日ウイスキーに接してきた現場の人間の感覚の記述である。研究報告書以外に余り文章を書かなかった私に長い連載は無理と思っていたが、髙山惠太郎氏、サントリーの津田和明氏、坪松博之氏、今井渉氏、奥村睦美氏らの励ましのお蔭で41回も続けることができ、1998年には1冊の本として出版させて頂くこととなった。さらに２００７年は新たに章を加え改訂版を、そして今回、日本のウイスキーづくり１００年、白州蒸溜所設立50年にあたり新版を刊行させて頂く幸せを得ることとなった。私の文章の全てが共に仕事をした仲間達の力に負っていることを強調したい。ここに種々ご激励とお世話を頂いた各位に心から感謝を申し上げたい。

この小著が最初に出版された時、日本のウイスキー消費は縮小する真っ只中にあった。何とかしてウイスキーの持つ魅力を造り手の立場から伝えたい、ウイスキーに関心を引き寄せたいという思いを込めて綴った。それから20年余り、ウイスキー市場は世界中で大変革を遂げつつあり、造り手の場も飲み手の場も予想以上に拡大した。

日本のウイスキーは私達造り手の重ねた労苦が報われて、現在では世界で高く評価されており、10年足らずで10倍以上に急増したクラフト蒸溜所は、１２０数カ所となり、今後も増える勢いである。それだけに造り手が担う責任は重い。ジャパニーズウイスキー百年の歴史を噛みしめ、世に愛され尊敬される味わいを提供していく信念を貫く力と実力の蓄積が大切であろう。同時に愛飲頂く皆様には日本のウイスキーを平和の象徴として、また日本の風土・食文化を表す美味しさとして広めていって頂きたいと願っている。92才という最年長者の造り手の私が、今伝えたい思いを書き加えた次第である。

目次

第1章　琥珀色への誘ない

第2章　ウイスキー誕生のドラマ

第3章 世界のウイスキー

第4章　ウイスキーを楽しむ

第5章　理想のウイスキー造りを目指して

第6章 私とウイスキー

第7章　これからのウイスキー
――21世紀にむけて

第8章　ジャパニーズウイスキー100年の歩み
――造り手から見た日本のウイスキー苦闘の流れ――

第1章

琥珀色への誘ない

ウイスキーの魅力

新しいウイスキー瓶の栓を開ける――強いようでやさしい快い香り（トップノート）[※]が軽く鼻を打つ。グラスに注ぐ――琥珀色が映えアロマが周囲に漂う。グラスに鼻を近づける――初めは浅く短く、次第に深く長く香りを嗅ぐ――混然一体のハーモニーの中に彷彿させる様ざまな香りがあってその由来を想う。そして口に運ぶ――冷たそうで熱く、重そうで軽いデリケートなフレーバーが口の中で響き合い、思わず口元がほころぶ。これが私のいいウイスキーへの接近と愛し方である。

大地に生まれた水と大麦が出会って形を変え長年のシーズンの重なりの中で育ってきた奥深さと、数え切れないほどの人びとのいつくしみの手を経てきた物語がこのグラス1杯のウイスキーに満ちている。

ウイスキーの魅力とは何だろうかとよく思う。私達にとってはウイスキーへの想いは生み出し育てた親の心かも知れないが、まさに人によっては様ざまであろう。しかし共通の魅力はやはりいい水、豊かな発酵と蒸溜、そして長期の貯蔵による熟成によって生まれた独特のおいしさであろう。とりわけ神の手に委ねられた樽熟成による多様

※トップノート…ウイスキーやブランデー等の栓を開けた時やグラスに注いだ時に感じる、最初に立ち昇ってくる軽い香り。

な香味のハーモニーといえよう。蒸溜酒の中でも樽貯蔵しないいわゆるホワイトスピリッツ類は、熟成感のない刺激と単純性を、例えばジンのジュニパーやテキーラのアガベのように使う原料の香味を特性とすることで補っている。またホワイトスピリッツ類の中でも香味特性の少ないウオッカや甲類焼酎等は飲む時にリキュールや果実を混ぜることが一般的である。それに対し香味の豊かさと熟成による見事なハーモニーが特徴であるウイスキーは、それ故に複雑なカクテルに使われることが比較的少なくそのままストレートで楽しむか、氷や水、ソーダで割って飲まれることが多い。氷、水、ソーダはウイスキーの個性をうまく引き出しそれを拡げてくれるよき伴侶である。

酒の飲み方はそれこそ十人十色である。いつも同じ酒しか飲まない、1人でしか飲まない、家でしか飲まないという人に対し、TPOに応じて酒や器を変え、相手も変えるという多彩な人もいる。いずれにしても1日の働きを終えてその褒美として毎夕飲る適量の酒は形の如何を問わずこれほど素直な喜びはないと思う。最近こんな形での適量の飲酒が健康や長寿に貢献するということが各国の学会で論じられている。

ウイスキーの楽しみ方はストレート、オンザロック、水割り、ソーダ割り、カクテルと様ざまだがそれぞれにおいしさがある。いいウイスキーはストレートでゆっくりと多様な香りと味のハーモニーを楽しむのが常道であろうが、私は夕方の帰宅後少量（シングル程度）のいいウイスキーをチーズを友として飲み夕食の仕度を待つことにしている。快く口や胃を刺激して恰好のアペリティフとなる。オンザロックは細かい氷よりも大きい目の固く締まった方がいいように思う。ウイスキーの香りは抑えられるがいい特性は十分に出るし何よりも冷たくシャープで心地良い。水割りはそれこそお好み次第だが一番大切なのは使う水である。蒸溜所で飲む水割りが格別にうまいといわれるが、使う水も氷ももしかしたらウイスキーになっていたかも知れないものでフィットするのが当然である。カルキ臭や汚染臭のある水は水割りを台無しにする。水割りの度合は人好きずきだが食べ物との相性によって決めればいい。私達が喇酒する時は1対1にするが、通常はウイスキー1に対し水2～2・5位というところだろう。水割りがだめで必ずソーダ割りにするという人も結構いる。そのような人は水割りと違った香り立ちの良さとはじける舌への刺激が快いのであろうか。私はバーボンの場合ソーダ割りにすることが多い。カクテルはバーボンやカナディアンをベースにすることが多いのはその国柄や習慣によるものなのだろうか。これからは更に工夫が重ねられていくと思われる。

ウイスキーは落ち着きと寛ろぎの、また大人の会話の豊かな時間づくりができる大人の感性の酒といえるだろう。やたらと忙しく裕福な割に心豊かにならず寧ろ大人の感性が少なくなっていくような日本の現状に、ウイスキーを賞でる時間が増えゆったりと心豊かになる大人の感性や文化が甦ってくることを私は願っている。

モルト蒸溜所への招待

ウイスキー蒸溜所では水が生きている。自然が呼吸している。この2つはウイスキーを生み育てる母である。ここにはまた様ざまな香りがある。樽を打つ音がある。厳しくて温もりのある人びとの眼がある。そして長い長い静寂もある。

こんな活きた蒸溜所をご案内してみたい。敷地に足を踏み入れてみよう。先ず快い香りが鼻を歓迎してくれる。建物に近づくにつれてその香りには2種類あることに気付く。1つは仕込室から——麦と飴湯が混じったような鼻に溜る甘い香り、もう1つは蒸溜室から——酒の粋を集めたような鼻を抜ける爽快な香りである。そしてその後方の建物から「カーン」「カーン」と小槌で樽を打つ快音が響いてくる。

部屋に入ってウイスキー誕生のドラマを見ていこう。最初の部屋は仕込室。生命の水が活動を始める――山から出て川を流れ地下に潜った美しい水は、ここで加熱され原料の大麦麦芽と出会う。麦芽の酵素はこの水で呼び起こされて仕事を始める。澱粉を糖分に変え、様ざまな分解を促して養分を湯の中に溶かしこんでいく。大きな仕込槽を開けるともうもうたる湯気の中に甘い香りと麦の野の匂いが混じって感じられる。ゆっくりとした作業である。取り出した麦汁を飲んでみる。素朴な粗さがあるが麦の蜜である。この中に微かなピート※のスモーキーフレーバーが漂っている。

次の部屋、発酵室に移ろう。大きな木桶が並び香りも先ほどとはすっかり変わっている。ここでは酒造りの主役である酵母が糖をアルコールに変え、同時に酒の様ざまなおいしさを生み出している。蓋を取ってみる。激しい炭酸ガスの放出で顔を入れるのは危険ではあるが、発酵の初期のものは新鮮な果物のような、むきたてのリンゴのような芳香が白い美しい泡と共に発散されている。発酵が進むにつれ泡が落ち香りは少し味噌様になっていくが、この時期主な役目を終えた酵母は沈みながら有用な乳酸菌と共同してさらにウイスキーの豊かなおいしさづくりを続けているのである。

※ピート…泥炭のこと。ヒースなどの湿性植物が枯死後永年にわたり堆積したもので石炭の中で最も炭化度が低く水分も多い。スコットランド北部やアイラ島に多く産し、ウイスキー用麦芽の乾燥時に燃やしてその煙臭を麦芽に吸着させる。

次は蒸溜室。曲線美を競うように多くの銅釜が並び、よく磨かれた体から一杯の香気を発散しているように見える。醪（※もろみ）はここで2度蒸溜される。麦芽や発酵からの沢山の成分が加熱されアルコールと共に蒸発してくるが、2度の蒸溜と慎重な分取（ぶんしゅ）によっておいしい部分だけが集められる。無色透明の液体ではあるが造る者にとっては黄金の価値である。刺すような強い香りの中に既にウイスキーを思わせる香りと味があるが、それぞれが荒々しく自己主張している。

樽詰室へ——樽を打つ快い音、これは実は空樽から栓を取る時に樽を叩く音と、ウイスキーが樽に満たされた後、栓を打ち込む時の音である。ここは屈強な男達の仕事であり大きな樽が慣れた手で優しく扱われ、できたてのウイスキーは樽に詰められ貯蔵庫に送りこまれていく。樽はここで重要な任務を仰せつかったような顔をして——。

モルトウイスキー誕生の最後の場所、貯蔵庫。ウイスキーは成長に入る。長い静かな、しかし大切な空間であり時間である。大自然が大きく全体を包みこむ。ウイスキーは四季の変わりゆく空気を吸い、飛び易い雑気を出していく。固い樽の中に滲みこんでは樽のおいしい部分を溶かしこんでくる。ウイスキーは樽と共同しながら自分自身もゆっくりと変化し成長し体形も整えていく。自分はいつ日の目を見るか、どこまで

※醪…発酵工程でできる発酵液のこと、
ウォッシュともいう。

成長していったらいいのか全く知らない。

水が生きている

蒸溜所で飲む水割りは格別においしい。現場のもつ独特の雰囲気もあるが、おいしさの最大の理由は使っている「水と氷」である。この水はもしかしたらウイスキーになっていたかも知れないのである。いい水はウイスキーの香りと味を優しく開いてくれる。

仕込の水が変わればウイスキーは確実に変わる。いい水に恵まれることがウイスキー蒸溜所の第1条件である。従って蒸溜所を建設する時、私達は水について異常なまでの情熱を傾ける。日本全国の地図を拡げて旅に出る。川をさかのぼり深い谷に入り、足と永年の勘で水を嗅いで廻る。私のウイスキーの大先輩は川の流れを見つめて1日同じ所に座り続けた。私達は川水を汲み、時には農家に水を乞うて持ち帰る。

ウイスキーにいい水とは一口にいうのは難しいが、まず飲んでおいしくなければならない。まずいと感じる水は人間にとって何か基本的欠陥がある。酒を醸す微生物達も私達がおいしいと思う水がおいしいのであろう。次いで実験室の様ざまなテストに合格しなければならない。清らかで異臭のないことは当然であるが、醸造に有害な細菌類、重金属や有機物のないこと、汚染の兆候のないことをチェックし、さらにミネラル類のバランスを調べる。しかし以上のような科学テストに合格しただけでは目標のウイスキーの水に十分とはいえない。この後が本番で実際に水を運んでウイスキーを造ってみるしかない。私達は社内でも㊙にして早朝にあるいは夜に川水を汲み何百リットル、何千リットルと研究所に運びこみ何回も何回も醸造を繰り返すのである。だから蒸溜所の土地選び、特に水選びには何年も費やすことになる。

ウイスキーに使う水は一般に軟水がいいとされている。水の硬度※では20から100位のものが多い。同じ醸造、蒸溜法をとった時は軟らかい水の方がウイスキーは軽快になる。南アルプスのふもとにあるサントリー白州（はくしゅう）蒸溜所の水はスコットランドではグレングラント蒸溜所のものに近い。山崎蒸溜所の水はそれより少しミネラル分が多い。トーモア蒸溜所を訪れた時、工場長が川より汲んでくれた水も軟らかくともおいしい水であった。しかし中には硬度の高い水を使っている所も少しはある。例え

※水の硬度…水のミネラル分の主要成分で、水の味にも重要な役割を果たしているカルシウムとマグネシウムの合計量をいう。これを炭酸カルシウム量に換算して１ℓ当たりのmg数として表わす。

白州の清冽な水（神宮川）

ばスコッチではオークニ島にあるハイランドパーク蒸溜所やハイランド北部のグレンモーレンジ蒸溜所はかなりミネラル分の多い水を使っている。

ウイスキーの仕込水はおいしくてやさしいが、最初に原料の麦芽と混じる時は激しくぶつかり合う。その後は麦芽を温かく包みこみ時間をかけて酵素の働きを助け、沢山の成分を溶かし出して麦汁を造る。水のミネラル分は酵素の働きや麦汁成分との反応に微妙に関係し、次の発酵でまた酵母の働きに影響を与える。

発酵の終わった醪は2回蒸溜されるが、水も一緒に飛び出してアルコール分60数％となる。この時ウイスキーをおいしくする何百種類もの成分が共に出てくる。仕込に使われた大切な水はこうしてウイスキーの一部となって樽に入れられ長い熟成に入る。その間水はアルコールと共に一部樽を通して蒸発し、残りは樽の成分をゆっくりと溶かし出しさらに樽の中での変化を応援する。同時にアルコール分子と手をつなぎある大きさの塊（クラスター）をつくる。熟成によるまろやかさの原因の1つはこのクラスターによるといわれる。この様に水はウイスキー造りの初めから最後まで深くその味わいに関与しているのである。

日本人は昔からいい水に恵まれ独特の味わいある水文化を育ててきた。日本の芳醇なおいしいウイスキーを生み育てた根源はこの水とそれによって育まれた日本人の繊細な感覚にあるのだろう。

銅釜の不思議

ウイスキー蒸溜所が他の工場とイメージの大きく違う場所といえば蒸溜室と樽の詰まった貯蔵庫であろう。そしてこの2つが見学のお客様に一番人気がある。

蒸溜室の入口に立ってお客様は思わず「ハッ」と目を見開かれる。そこには近代工業のイメージとはほど遠い古風で優美な曲線をもつ大きな銅釜が並んでいる。中に入ってみると、室内は熱気と酒の粋を集めたような魅惑の香りが充満している。あたかも磨かれた銅釜全体からその香りが発散されているような……。お客様はここでウイスキーの芯に触れたような心地になられる。

モルトウイスキーの蒸溜には今も昔と基本的には変わらない伝統的な銅の単式蒸溜釜を使っている。おまけに2回の蒸溜を繰り返す。エネルギーも時間も手間もかかり

サントリー山崎蒸溜所には12基（現在は16基）のポットスチルが並ぶ

決して効率的とはいえないが、日本のウイスキーの豊かさを引き出すのにはこれからもやはりこのやり方が続けられていくであろう。ウイスキーの蒸溜に何故「銅」の釜を使うのかというご質問をよく受ける。銅の発見は紀元前5千年以上も前であり、銅のもつ多様な特性により人の生活に密着して使われてきた。中世の真面目な錬金術師が酒の精であるアルコールを発見したのも銅釜による蒸溜であったといわれている。銅のもつ美しいあかがね色、叩いてよく延び加工し易いこと、熱をよく伝えしかも腐蝕に強いことが蒸溜に使われた最初の理由であろう。しかし今はもっと性質の優れた金属もあり、加工技術も進んでいる。それでも依然として「ウイスキーの蒸溜には銅」とこだわっているのは全くウイスキーの品質のために他ならない。ウイスキーのあの柔らかい香りとスムーズな味は銅釜を使わないと出ないのである。私も30年ほど前、相当な時間をかけて銅とウイスキーの関係を調べたが、要するに銅は発酵醪を加熱して出てくる不必要で不快な臭成分を確実にキャッチしてくれるのである。発酵液や酵母に由来する硫黄系の成分、例えばゆで玉子や温泉の臭いのようなものを捉えて除いてくれる。これが多く残されているとウイスキーの樽の中での熟成が大変に遅れてしまう。また過剰に飛び出してくる脂肪酸というものとも銅は結びついてとり除き、ウイスキーをスムーズにしてくれる。

単式の蒸溜というのは連続式蒸溜と違って釜の中で醪が長時間煮沸される。このために色いろの熱分解が起こり、新しい香りが釜の中でつくられて出てくる。これがまたウイスキーの香りを一層華やかにしてくれているのであるが、これにも銅が触媒として役立っているようである。

蒸溜釜の形、特に釜の上部の「かぶと」部分の形は蒸溜所によって様ざまで蒸溜所の象徴でもある。ストレート型やランタン型と呼ばれるもの、あるいはバルジ型等があるが、この空胴部分の形が蒸溜による成分の出方に大きく関係してウイスキーの香りや味に影響している。蒸発した蒸気が真直ぐに立ち昇って出てゆくか、途中で蒸気が乱れて混ざり合っていくか、あるいはかぶとの形によって泡が立ち易いかどうかということが、出てくる香味の成分に関係する。一般的にいうと、胴部分が球状に膨らんだバルジ型が一番すっきりした香りになる。

蒸溜の実際について少し述べよう。発酵の終わった醪はなお暫くおいて一層香味が豊かになるが、これをすべて蒸溜釜に入れる。釜の加熱は直接火を釜の底に当てる直火式と蒸気を釜の中の管に通してやる間接式とがあるが、直火の時はこげつきに注意

ポットスチルの形状の例

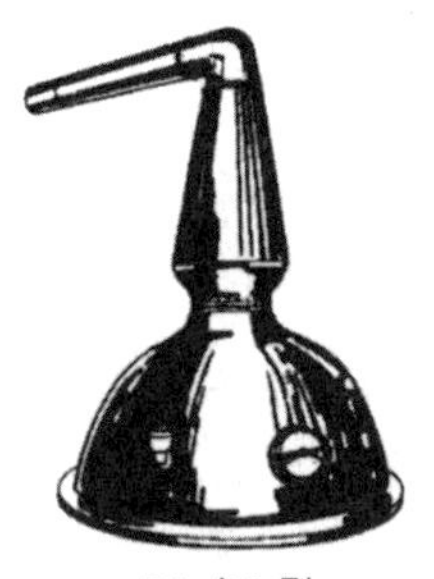

ランタン型

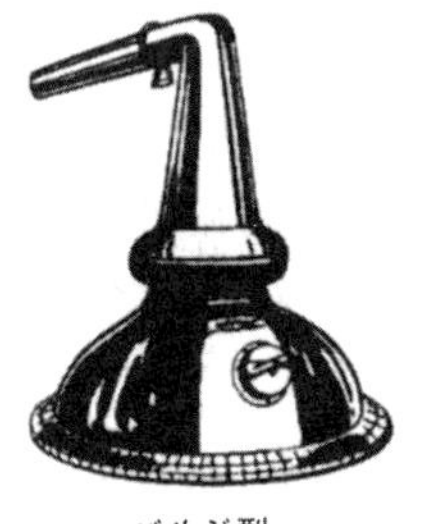

バルジ型

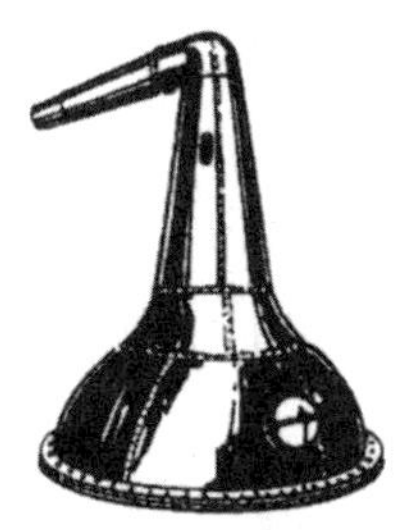

ストレート型

しなければならない。1回目の蒸溜を初溜といいゆっくりと6～7時間かける。醪の3分の1の量をとり出すとアルコールはほとんど出尽くし、出てきた液（初溜液）のアルコール度数は20％位に高まる。この時アルコール、水と共に沢山の香り成分が飛び出してくる。この初溜液を2回目の蒸溜（再溜）にかけるが、一層の時間と神経が必要である。最初に出てくるものを「前溜」というが、これは特に蒸発し易い成分が多く眼や鼻が痛くなるほど刺激が強いのでウイスキーにはしない。次に出てくるのが「中溜」または「本溜」といわれるもので、これがウイスキーとなる珠玉の部分である。無色透明で豊富な香りをもち将来のウイスキーのおいしさを予想させるものであるが、熟成されていないこの液体はまだ沢山の成分がそれぞれに自己主張し合って調和がとれていない。「中溜」の後は「後溜」と呼ばれ、アルコールがほぼなくなるまで蒸溜が続けられるが、後溜液もウイスキーにはしない。この「中溜」と「後溜」の切り換えの時期はウイスキーの品質にとって大変重要で蒸溜職人の経験の要る所である。この「後溜」は先の「前溜」と合わせ初溜液と共に改めて再溜にかけられる。

蒸溜はウイスキーの個性を決める最重要な工程の1つであり細心の注意をもって進められるが、先人の残した技術の豊かさを受け継ぎながら絶えず新しい技術が加えられ、日本のウイスキーは一層魅力あるものになっている。

ウイスキーは樽の中で成長する

蒸溜直後の生まれたばかりのウイスキー（ニューウイスキー）は無色透明である。しかし香りは強烈で鼻を突きさす刺激があり味も極めて荒々しい。これをおいしいといわれるお客様もまれにはおられるが余ほどの酒好きな方で、大抵は恐る恐る鼻を近づけられる。ニューウイスキーというのは将来のおいしさになる多くの香りや味の成分がそれぞれ声高に自己主張している状態なのである。

このニューウイスキーが樽に詰められ貯蔵庫の中で成長していく。「ここでは騒がないで下さい。ウイスキーが眠っていますから」こんな愛情こもった表示をあるスコッチメーカーの貯蔵庫でみたことがある。「寝る子は育つ」といわれる。しかしウイスキーは唯々眠り続けているのではないと私は思っている。恵まれた自然や貯蔵庫の環境に順応しながら、呼吸し時には眼を見開いて樽と密接に関わり合いながら、ゆっくりとではあるが自身を変えていっているのである。2年位では樽からの溶け出しも僅かで少しの色しか出ていないし未熟な臭いがやっと抜けた程度である。4~5年ではウイスキーらしさが出始めた頃で成長著しい青年期といった所。8~10年になると一人前近く力強さと熟成感を併せもっている。12年頃までは直線的に良くなるがこの辺りが1つの頂点で、香りと味の充実感、ハーモニーそして蒸溜所の特徴が一層楽しめる時期である。しかしさらに18年、20年、25年、30年というウイスキーに出会ってみると樽貯蔵の魔力に驚かざるを得なくなる。長い貯蔵には原酒や樽の選択、取り扱い等に現場の細かい神経が必要なことはいうまでもない。18年以上貯蔵の優れたウイスキーには鼻や舌だけでなく私達の全身を捉える豊かな香りと円熟した味の魅力がある。

ウイスキーが年と共に味わいを深めることを熟成（AGEING または MATURATION）と呼んでいるが、これはホワイトオーク樽の関与なしには考えられない。それでは一体樽の中でどんな変化が起こっているのだろうか。ウイスキーの熟成現象の解明については もう50年以上も前から取り組まれており私達も挑戦してきたが、まだ大部分は神の魔法の手中にある。これまでに明らかになったところを述べてみよう。

ニューウイスキーの香味成分は何百とあるが、主なものは酵母のアルコール発酵によってつくられたものと酵母の分解成分が蒸溜によって出てきたもので、量的に多いものは種々のアルコール類、酸類およびその組み合わせによる香り高いエステル類である。その他に量は少ないが未熟臭の本体である硫黄を含む成分がある。樽の中でウイスキーは呼吸しているといわれる。外気の温度変化で液も膨れたり縮んだりするが、縮む時に樽を通して空気が吸いこまれウイスキーに溶けこむ。これによって様ざまな酸化が起こるがこれも1つの熟成である。例えばアルコールの一部はアルデヒドを経て酸になる。未熟な臭いとして目立つ硫黄を含む成分は飛散し易いが、数ヵ月でなくなるものもあれば2年以上もかかって消滅するものもある。蒸散作用も大きな変化のひとつであるが、樽を通しての蒸発量は想像されるものより大きく平均して年2〜3%にもなる。「天使の分け前」といってもったいなさを我慢しているが、考えてみると飛び易いものが蒸発すればそれだけ樽に残るおいしい香味が濃くなるということでもある。ウイスキーらしさが現われる熟成の一番大きな変化はやはり樽の成分の溶け出しに由来するものであろう。固い樽材ではあるがウイスキーは徐々に滲透（しんとう）し樽から色いろな有用な成分を取り出してくる。琥珀色もそうであるし、ホワイトオーク材特有の香り高いオークラクトンと呼ばれるものもその1つである。またタンニンや少

山崎蒸溜所に眠るモルトウイスキー達

量の糖類も出てきて味わいを豊かにする。さらにリグニンと呼ばれる樽の成分とウイスキーの長年の接触によって溶け出しや分解が進行する。そしてここから多くの香り高い成分（例えばバニラのような芳香）が生み出される。ウイスキー中のアルコールと水の分子が樽貯蔵の間に手を結び安定した塊（クラスター）をつくるということも分かってきた。アルコールのピリピリした刺激がなくなり口当たりが柔らかくなるのはこのためである。

しかし、これは熟成の世界のほんの一部にしかすぎない。樽の中ではさらに複雑怪奇なことが秘密裡に行われる。樽は長い間かかってウイスキーを芳醇な香りとまろやかな味に育てあげる。ウイスキーを価値あらしめるこの樽熟成の不思議な神秘はまたウイスキーの魅力そのものである。この神秘を大切にしながらこれからもこの秘技が追い続けられるであろう。

水――その大切さとおいしさ

今はもうやらないが井戸水を使っていた１９５０年代まで、我が家では正月に若水を神棚に供え、雑煮にもそれを使った。水道水を使う現在は、形だけの継承だが正月の一番水を雑煮に使うことにしている。自分の家の井戸であったにも拘わらず私の父は洗面や他の用途の水も極力節約し、また私達にもそれを強いた。子供の時代、それが何とも不思議だったし腹立たしくもあったが、自然の恩恵を受けて生きる人間の当然の行為だったのだと今になって理解している。地下水が地中を移動する速度は１日に5～10㎝程度といわれる。私達の蒸溜所や伝統の井戸で今日汲み上げる水はいつ天から舞い降りたものか、その貴重さを心しなければならない。

「いい水」「おいしい水」と表現される言葉は感覚的には分かるような気がするが、実はこれほど具体的説明の難しいものはない。日本の生活水はほとんど軟水であり日本は軟水の文化といっていいと思うのだが、「いい水」「おいしい水」は千差万別である。名酒造りに名水は必須の条件だが、六甲山からの地下水である灘の宮水は硬水であり、京都の桃山丘陵からの地下水である伏見の水は軟水であってミネラル類の量比がかなり違うようである。私達のモルトウイスキーにとって大切な仕込水は一般に軟水であり、山崎も白州も日本名水百選の地にあるがやはり両者の硬度、ミネラル分布に相当な違いがあってウイスキーにその個性が出ている。スコットランドのいくつかの水を分析値で比べてみると、ほとんどが軟水であるが蒸溜所によって様ざまである。中には私達の蒸溜所の水と非常に近いものもあるが、全く違ったミネラル分のかなり多い硬水を使っている所もあり、ウイスキーの多様性の原因のひとつになっている。

旅や仕事で各地に出た時、私は神社があればそこの水を味わうことにしている。その地方の水の特徴がよく出ていると思うからであり、本当に「おいしい水」に出会うことも多い。「いい水」の第一要件は安全な水であることで、異味異臭、病原性微生物、発ガン性物質等が無いことであるが、「おいしい水」はやはり適度のミネラルの量とそのバランスであろう。私達の蒸溜所の水を見ると陽イオンではカルシウムが一番多く次いでナトリウム、マグネシウム、カ

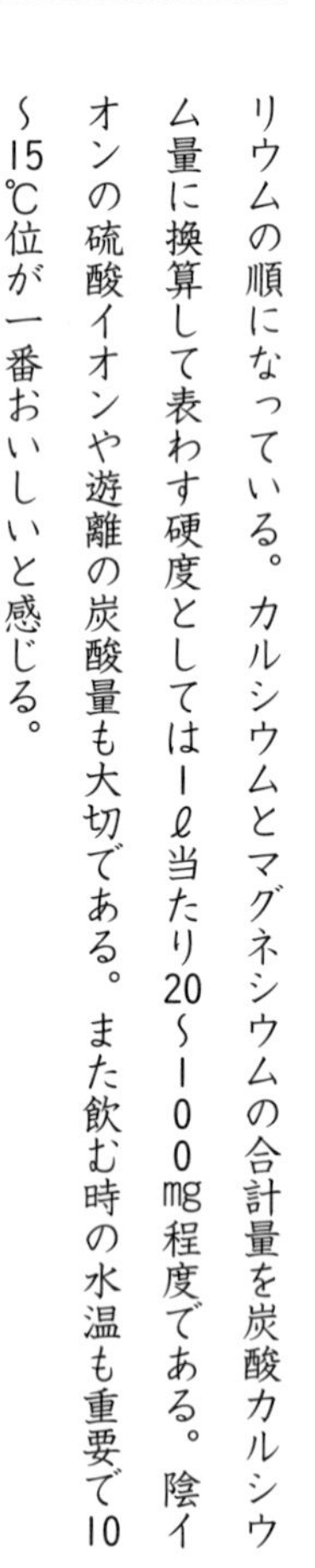

リウムの順になっている。カルシウムとマグネシウムの合計量を炭酸カルシウム量に換算して表わす硬度としては1ℓ当たり20～100mg程度である。陰イオンの硫酸イオンや遊離の炭酸量も大切である。また飲む時の水温も重要で10～15℃位が一番おいしいと感じる。

茶の湯に使う水の質も「水品」（すいひん）といって昔から大変重視されてきたようで、日本の水文化の1つの象徴であろう。京都の家元はかつての清流の周りに点在しそれぞれ名井をもっている。昔から特に名水を用いて催した茶事は「名水点」（めいすいだて）と呼ばれ水指にしめ縄を張ったという。客もまた茶を飲む前に湯か水を所望するのが慣わしであった。私の家内に聞くと今でも茶事で「お湯所望」は行われているそうである。

第2章

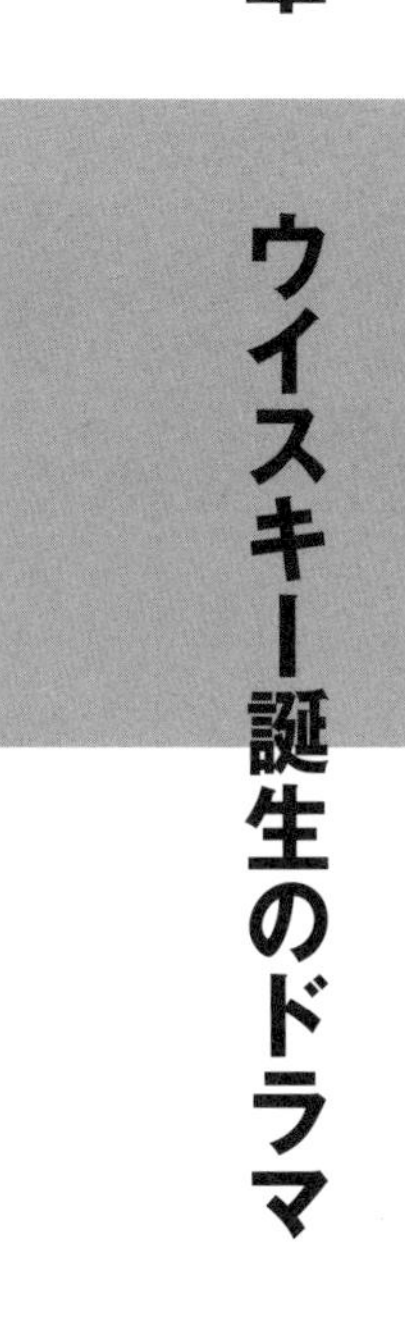

ウイスキー誕生のドラマ

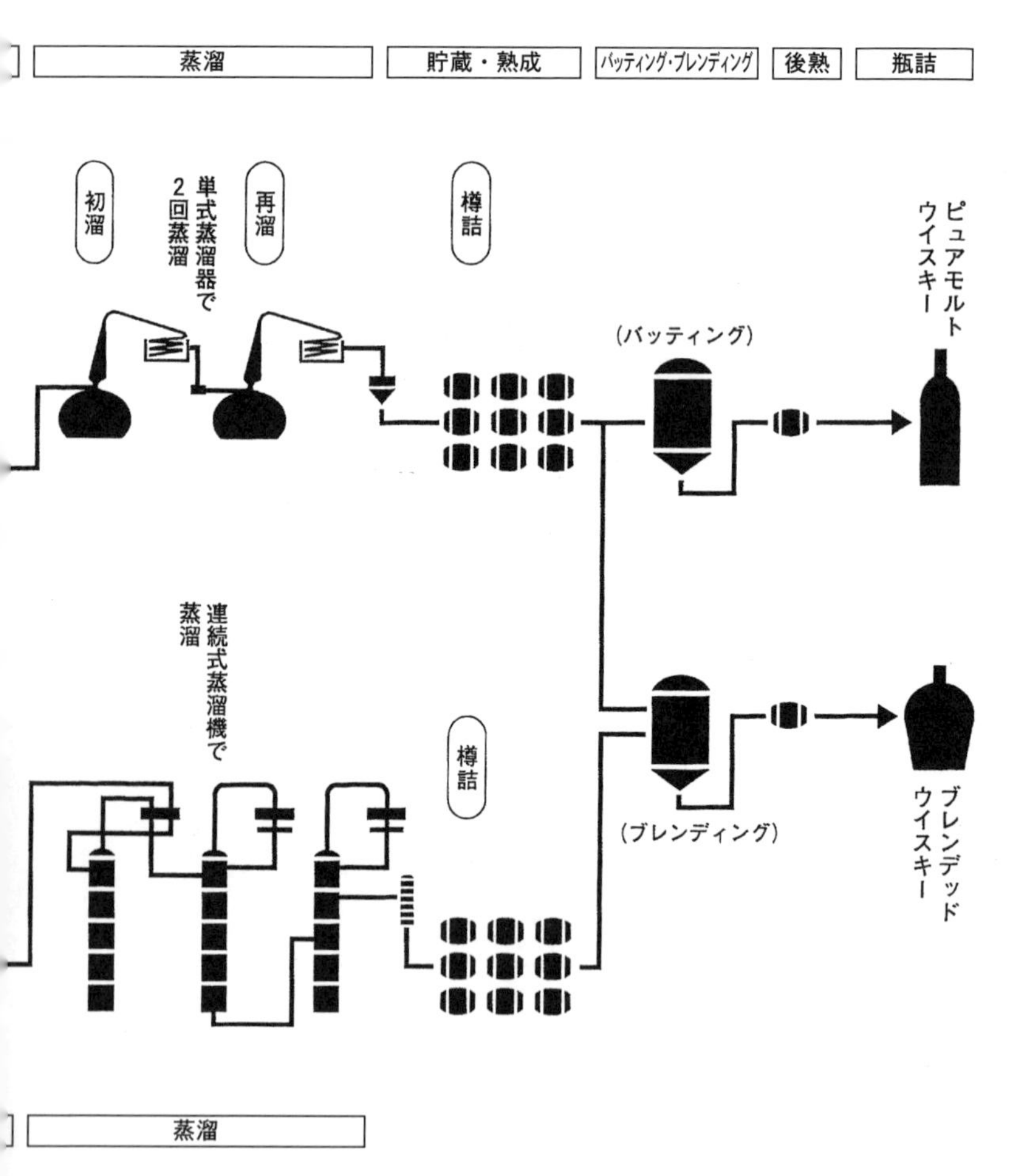
蒸溜
貯蔵・熟成
バッティング・ブレンディング
後熟
瓶詰
初溜
単式蒸溜器で2回蒸溜
再溜
樽詰
ピュアモルトウイスキー
(バッティング)
連続式蒸溜機で蒸溜
樽詰
(ブレンディング)
ブレンデッドウイスキー
蒸溜

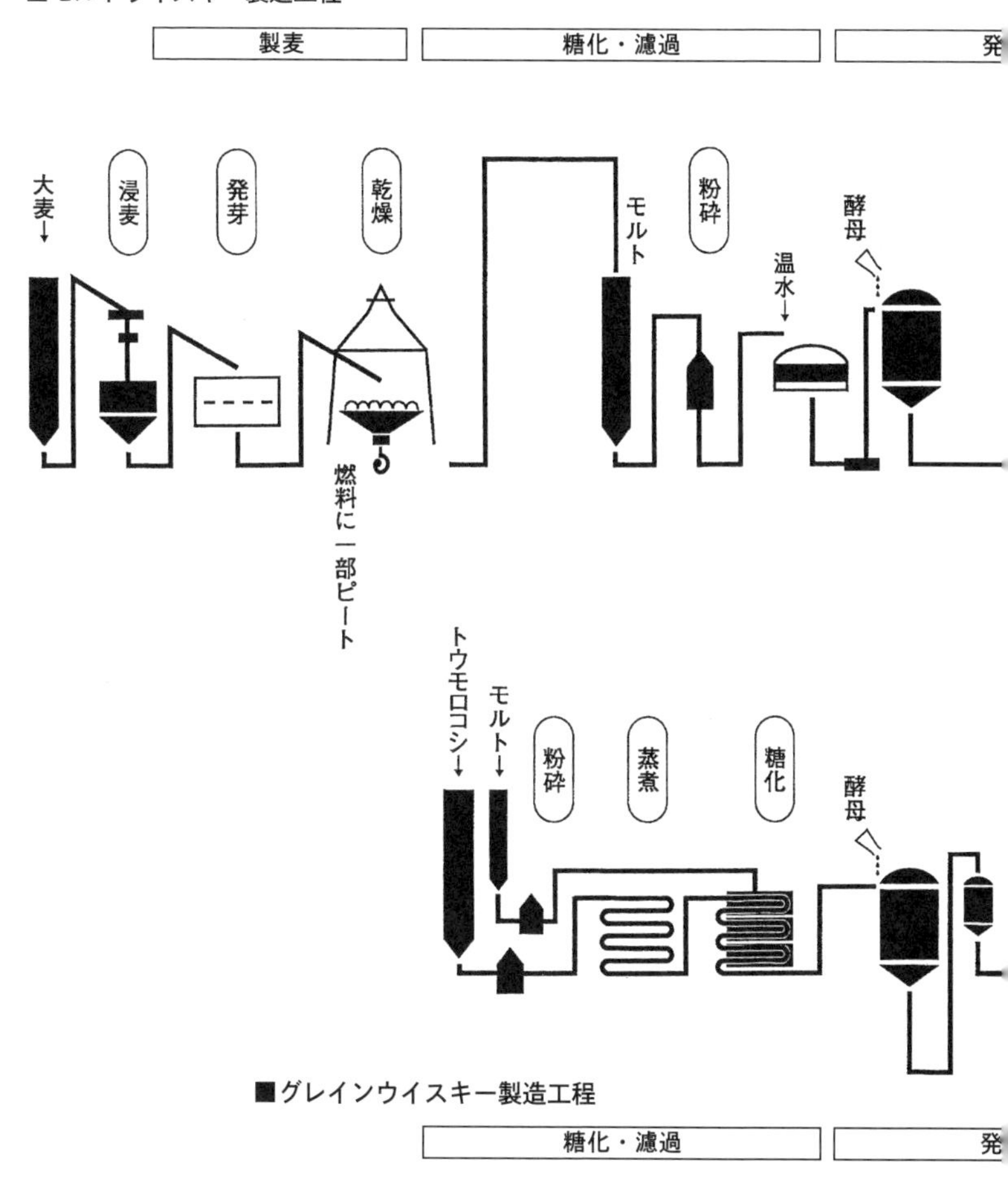
■モルトウイスキー製造工程
製麦
糖化・濾過
発
大麦↓
浸麦
発芽
乾燥
燃料に一部ピート
モルト
粉砕
温水↓
酵母
トウモロコシ↓
モルト↓
粉砕
蒸煮
糖化
酵母
■グレインウイスキー製造工程
糖化・濾過
発

麦芽は噛んでみろ

「水はまず飲んでみろ。麦芽はまず噛んでみろ」蒸溜所の現場でいつも私がいっていた言葉である。ものを育てたり、つくったりする人間にとって一番大切なことは自分の五感でそのものを確認することである。

モルトウイスキーの原料である麦芽も粒の色、つやを見た後は噛んでみることである。たくさん噛んでみてどれもが中身全体真白な粉状であればまず間違いなくいい麦芽である。分析値を見るのはその次である。

麦芽のことをモルトという。ウイスキーやビールの麦芽は二条大麦に芽を出させて乾燥したものである。モルトウイスキーはこの麦芽だけを原料としたものなのでモルトウイスキーのことを単にモルトと呼ぶことも多い。麦芽造りの歴史は古く数千年も昔のメソポタミアやエジプト時代から行われている。大麦を水に浸し石畳の上に拡げ芽が出るのを待って天日乾燥して造っていた。この麦芽を粉にして水でゆるくこね、膨らんできたところで釜に入れて焼きパンにした。さらにこの麦芽パンをほぐして発酵させたものがエジプト時代のビールである。

大麦は確かに栄養豊かな穀物だが硬くてまずい。これを麦芽にすることによって砕き易くなり湯と混ぜると甘くておいしい飴湯となる。またパンに生まれ変わりビールともなり、さらに蒸溜技術と結びついてウイスキーへと繋がっていったのである。

麦芽造りのことを製麦（モルティング）という。ウイスキーの麦芽には食用や飼料用の六条大麦ではなく専ら二条大麦を使う。二条大麦は粒が大きく皮も薄いので澱粉量が多い。これを水に浸し時々空気を送ってやったりしながら水を吸わせる。水分が45％位に上がったところで床に拡げ下から湿った空気を送りこんでやると、胚芽の部分からまず根が出始め続いて芽が伸びてくる。この時大麦の体内に大きな生理的変化が起こり胚芽の中のホルモンが移動、これの刺激を受けて胚乳の養分を分解する色いろの酵素ができてくる。このまま経過させると大麦の養分は全部芽や根の成長に費やされるので、麦芽造りでは酵素は十分用意されたが養分はまだ分解されていない所で成長を止めてやるのである。その手段として熱をかけて水分を4％位までに乾燥する。

モルトウイスキー用麦芽の乾燥の特徴はこの期間にピート（泥炭）を燃やすことである。ピートを燃やした煙を麦芽の層の中に通してやることによって煙の香り（スモーキーフレーバー）が麦芽に吸着される。スコッチや日本のウイスキーの特徴の1

モルトウイスキーの原料・二条大麦

つであるスモーキーフレーバーはこの麦芽に由来しているのである。しかし私達のウイスキーとスコッチのスモーキーフレーバーにはかなりの違いがある。日本人は余り香味の強い料理よりも、素材を生かした淡白な味や優しい調和のある料理をおいしく感じる。食前や食中にウイスキーを飲むのに強いスモーキーフレーバーはなじみにくい。特に水割りにした時、強いスモーキーフレーバーは飛び出してきて料理の微妙な味わいの邪魔をする。だから麦芽造りではピートの焚き方に大変気を使っている。麦芽の乾燥工程の初め頃に煙を吸わせると大変よく吸着するが、そのウイスキーは「セイロガン」に似たフレーバーが強くなる。乾燥がある程度進んだ所でピートをうまく焚いてやると、フレーバーの付き具合はうんと少なくなるが私達がおいしいと感じるいい香りがほどよく付いてくれる。日本のウイスキーの微妙な香りの調和はこのピートの焚き方にも由来しているのである。

酵母とリッチな発酵

真白な細かい泡を噴き上げ、新鮮な果物の芳香を放ちながらの盛んな発酵は、昔の人には偉大な神秘であったが、私自身今も見る度に清々しい感動を覚える。酒造りの主役は人間でなく直径10ミクロン程度の小さい酵母である。だからこそ発酵の母であり酒の母なのである。発酵温度の比較的高いウイスキーの醪では1㎖に酵母の数が1億から2億にもなり、このプロセスでできるだけリッチに香りをつくっておいてもらう。

酒を造る酵母は世界中ほとんど共通で分類学上は同じ位置に属しており、皆親族の間柄にある。しかし親戚、兄弟であってもウイスキーに向いたもの、ビールに向いたもの、日本酒に向いたもの、ワインに向いたもの等の得意があってそれぞれウイスキー酵母、ビール酵母、清酒酵母、ワイン酵母等と呼ばれる。だからそれぞれの酒に向いた、または造りたい酒に適った酵母を探すという仕事は私達の永遠のテーマなのである。

選ばれた酵母はまた少しの条件の違いで香りや味を大きく変える。例えば酵母の培養や発酵における空気の混ざり具合で香りのでき方が変わる。空気が入ると一般に香

木桶発酵により個性豊かなモルト原酒が造られる

りは少なくなるが特別の香りだけが増えたりもする。サントリー山崎蒸溜所では発酵時に盛り上がってくる泡をプロペラで切って消しているが、泡には酵母が一杯付着しており、どういうように泡を消してやるかでウイスキーの香りも変わってくる。また発酵の温度が10℃違うと香りのでき具合も大きく変わる。酒の醸造では香りの量は温度の低い方が一般に多くなるが、それに到達するのに倍もの時間がかかる。ウイスキーの発酵は比較的温度が高く激しく、2日位で主発酵を終えて酵母はだんだん死んでいく。人は死して名を残すが酵母は死してウイスキーに大切な成分をたくさん残していく。蒸溜所ではビールや日本酒に比べて発酵の温度が高く期間の短いウイスキーにいかに豊かな香りを酵母につくってもらうかに様ざまな工夫をしている。どんな酵母を、それも2種、3種と組み合わせるか、温度は、空気は、時間は、発酵容器は……。

ここでウイスキーとビールの発酵を比べてみよう。両方とも麦芽を原料としているので同じと思われがちだが実は大きく違う。ウイスキーの場合、麦芽から麦汁をとると直ちに発酵槽に移し酵母を加えて発酵に入る。発酵の始めはまだ麦芽の糖化酵素の力が残っていて糖化と発酵が並行して進む。さらに麦汁には乳酸菌のような微生物が一部生き残っている。だから大量の酵母を加えて勢いよく発酵をスタートさせる。生き残った乳酸菌は初めは影が薄いが酵母が大役を終える頃に酵母の分解物を栄養として活動を始める。この乳酸菌の活躍はウイスキーに一層の豊かさを与える。

一方ビールの発酵は麦汁をそのまま発酵槽に入れず、1時間以上も煮沸しホップを加える。これによって酵素作用もなくなり完全に殺菌されホップの香味も加わる。これに酵母を加えるので糖化作用もなく加えた酵母だけの完全な純粋発酵となる。その上に発酵温度が20℃ほども低いのでできる香味の量や割合が大きく違ってくる。

穀物をダイナミックに酒に変える酵母は、何千年にわたり人びとに酒を供給し、また人の技術によっておいしさを高めてきた。今また酵母は植物、動物、人間の細胞と基本的に同じ構造をもつものとして基礎生物学の研究に大きな役割を果たしつつある。新しい酵母の育種や新技術の開発で酵母はこれからも一層私達の生活と密接な関わり合いを深めていくであろう。

ウイスキーと乳酸菌

乳酸菌は古くから人間の身近な生活と共にあって細菌類の中では一番親しまれてきたものであろう。乳酸菌飲料、ヨーグルト、チーズ等の乳製品は先ず想い出されるものであるが、日本人との旧い付き合いでは糠味噌漬や醤油、味噌等の伝統的な食品、調味料も多い。日本人は特に乳酸のさわやかな酸味、風味が好きだといわれるが色いろな食品への利用からみて乳酸菌好みは洋の東西を問わないようである。家畜の飼料を貯蔵し発酵させるサイレージ※も乳酸菌の作用であり、これによって家畜の嗜好性も高まるというから家畜類も乳酸菌が好きなようである。酒造りと乳酸菌の関係も大変古くから知られており、主役ではないが酵母の脇役として大きな仕事をしていることが知られている。

乳酸菌というのは糖質を発酵して乳酸をつくる菌の総称であって活動の範囲が広いだけに多くの種類がある。菌の形や連なり方、乳酸発酵の方式、健康への寄与機能等色いろな性質の違いから乳酸菌は数百種類あるとされる。

酒造りと乳酸菌の例の1つとして赤ワインとの関係が有名である。酵母による主発

※サイレージ…飼料用の牧草やとうもろこし等をサイロに詰め圧力を加えて一定期間放置し乳酸発酵を行わせた貯蔵飼料。特に冬期の牛等の飼料として重要。

酵が終わった後の晩秋頃に新酒の中の乳酸菌が増殖しワイン中のリンゴ酸を乳酸に変える仕事をする。これをマロラクチック発酵と呼んでいるがこれによって赤ワインの酸味が減り香味が柔らかくなる。最近は白ワインに利用されることもある。日本酒と乳酸菌の関係も昔から有名で南北朝や室町期から巧みに利用されてきた由である。特に酛（もと）造りの古い方式の生酛（きもと）や山廃酛（やまはいもと）は酵母の前に先ず乳酸菌が増殖し露払いをして酵母が増え易い環境をつくるといわれている。

さてウイスキーと乳酸菌との関係についてであるが昔は余りよく分かっていなかった。というより乳酸菌はウイスキー酵母と糖分を食い合いアルコール分を減らすので有害という説が有力であった。以前、生物工学会誌（1994年第4号）にサントリーの洋酒研究所の前村久君が「乳酸菌は善玉？・悪玉？――モルトウイスキーの場合」という標題でウイスキー醸造における乳酸菌の作用を分かり易く解説している。彼の結論によれば乳酸菌の種類とそれが増殖する時期によって善玉にもなるし悪玉にもなるということで、それを上手にコントロールするのが醸造家の腕ということになる。

前にも書いたようにビール醸造では麦芽からとった麦汁はもう1度ホップを加えて

1時間半も煮沸する。これによって麦汁は完全に殺菌されこれに培養酵母を加えて発酵させるのでビールは加えた酵母の純粋発酵である。これに対しウイスキーの場合は麦芽を63～65℃で糖化して得た麦汁を冷却し酵母を加えて発酵させる。いわゆるビールでの煮沸工程がないため原料や工程由来の微生物（主として乳酸菌）が一部生き残って発酵に影響してくる。この乳酸菌が果たして善玉か悪玉かということであるが、できるアルコール分を減少させるという定量的説明の方が、乳酸菌も酵母の脇役として香味を良くするという定性的な説よりも分かり易く悪玉説が優勢であった。１９８０年代以降になりスコッチでも私達の間でも有用性の研究がよく行われるようになった。前村君の研究によればウイスキーの発酵の初期には酵母と糖分を食い合うA乳酸菌（L. casei）が酵母と共存するが、酵母を圧倒的に多く加えることと醪環境の変化でA乳酸菌は増えることができない。アルコール発酵が進行し酵母が主な糖分を食ってしまった中期になると、酵母が死滅し始め別のB乳酸菌（L. fermentum）が酵母の利用できなかった糖質（二糖類）を食って増えてくる。発酵醪の終期になると酵母が自己分解し菌体成分を外に出してくる。これを栄養源とし、またB乳酸菌が利用できなかった糖質（三糖類以上）を食って今度はC乳酸菌（L. acidophilus）が増殖してくるという。BとC乳酸菌はその段階では酵母と糖分を競合しない。これらの菌がいることによって醪の中の乳酸が多くなると共に、酵母のつくる香気成分や酵母の菌体成分が豊かになることが分かってきた。

さらにウイスキーの発酵に金属製のタンクを使うより昔風の木桶を使うことにより、発酵醪に入ってくる乳酸菌の数がかなり増えることが分かっている。発酵中期以降の乳酸菌が100倍以上多くなり一層特徴的なウイスキーが生まれる。白州東蒸溜所※や山崎蒸溜所に大幅に木桶発酵槽が導入されたのはより個性的なウイスキー造りを目指しているからにほかならない。

禍転じて福となす

樽がぎっしりと詰まったウイスキー貯蔵庫にお客様を案内すると、入口で一瞬神々しいような静寂が漂い、次に「うわっ」というような歓声が洩れる。古い樽がずらっと並ぶ威容と全体を包みこむ芳醇な強い香りに打たれるのである。

※白州東蒸溜所
現在は白州蒸溜所に改称されている。

人が家で育てられるようにウイスキーやワインは樽で育てられる。とりわけウイスキーと樽は特別の間柄にあり、あの芳醇な香りとまろやかな味は樽なしには考えられない。樽の中でのウイスキーの熟成については第1章で述べたが、ここでは樽の歴史とウイスキーとの関わりの始まりについて触れてみたい。

酒の中でも起源の古いワインは当然土や陶土を使った壷や甕に入れられていた。大英博物館等で今もギリシャ時代の絵模様の入った美しいワイン用土器を見ることができる。しかし土製の容器は割れ易く運搬には全く適していない。獣皮を使った話もよく聞かれるが小さい上に獣の臭いがついたり、腐ったりし易く欠点が多い。ここで木材をワインの貯蔵や運搬の容器にする技術が生まれてくることになるが、洩れなくて簡単にはこわれないように加工するという技術はそれほど容易ではなかった筈である。初めは丸太をくり貫いたものであったろうが、それが板を継ぎ合わせ、さらに曲げ加工していくまでの技術の進歩は、単に樽の需要だけによるものでなく船の建造等の大きな技術需要と関係していたに違いない。

樽の起源は古代バビロニア、エジプト時代と考えられ、ギリシャ人はBC9世紀にはワインの貯蔵や運搬に樽を使っていたといわれる。またギリシャのある有名な哲学者は樽の中に住んでいたともいわれている。しかしワインの多産地であるローマでは当時樽は使われておらず、ヨーロッパの各地に樽がもちこまれたのはずっと後の十字軍の時代（11〜13世紀）なのである。

日本の樽（和樽）は桶と共に醸造業の発展につれて技術が進歩したようであるが、広く使われ始めたのは室町時代以降である。和樽はご存知のように上下の蓋（鏡板）をつなぐ側板が桶と同じく真直ぐである。これに対しウイスキーやワインに私達が使う洋樽は側板が曲げられ、従って樽の真中が膨らみ両端が絞られている。この構造は建築構造で「二重アーチ」と呼ばれるもので最も強い形といわれる。さらにこの樽は地面との接点が１ヵ所であるため大きな樽でも転がし易く、また方向転換が極めてやり易い。こういう大きな利点をもっているため樽の形は今も基本的には昔と変わっていない。

樽の歴史はこのようにウイスキーの誕生よりも遥かに古いので、ウイスキーの容器に最初から樽が使われていただろうことは容易に想像できる。しかし「樽がウイスキーを育てる」――ウイスキーが樽に長年入って芳醇さとまろやかさを増す――ということが分かって樽を使い始めたのは案外最近になってからのことである。これにはウイスキーへの重い税金との深い因縁話がある。スコットランドでウイスキーに税金がかけられたのは17世紀半ばであるが、１７０７年にスコットランドとイングランドが合併してから次第にその税金は高くされていった。ウイスキーを造るスコットランド人にとって自分達の大切な換金産物に高い税がかけられ、しかもこれがイングランドにもっていかれることに辛抱たまらず、この頃から密造が急増したのである。これからおよそ百数十年間は造られるウイスキーのほとんどが密造という時代であったが、税務官が密造の摘発のために駆け廻った時代でもあった。摘発の手を逃れて密造者達はそれこそ谷を越え山奥に入りこんでウイスキーを蒸溜し続けた。この時当然のことながら樽にウイスキーを入れて山奥や谷間に隠した。この樽をどうしても取りに行けないこともあっただろう。また隠した樽を忘れてしまったこともあったのだろうか。何年かしてその樽を開けてみるとウイスキーは美しい琥珀色に輝くと共に今まで考えてもいなかった芳醇でまろやかなものに変身していたのである。かくて樽はウイスキーの単なる容器から不離の恋仲となり、樽貯蔵（熟成）はウイスキーに欠くことのできないものになっていったのである。これは大体18世紀頃からである。重税がもたらした偶然の功徳ではあるが、「禍を転じて福とした」のである。この話は少しでき過ぎているという説もあるが歴史の偶然性とはそんなものであろう。

当時イギリスはスペインから大量のワイン（特にシェリー酒）を輸入していたが、この空樽がウイスキーの貯蔵に多く使われた。スペインのアンダルシア地方ヘレスの地酒シェリー酒を何年も貯蔵した後の空樽は、とりわけその材質と滲みこんだシェリー酒の香味がよく効いてウイスキーを大変豊かにする。今もウイスキーの貯蔵にシェリー酒の空樽が珍重されており、もちろん日本でもその樽を使用している。

匠の樽づくり

最近公園やゴルフ場、あるいは家の玄関先で半分に切ったウイスキー樽に美しい花が群がって咲いているのをよく見かけるようになった。30年以上もウイスキーを育てて主な役目を終えた樽が、再び花を育てているのは微笑ましい風景であるが、ウイスキー造りに携わってきた私にとってはまた特別の感慨がある。それにしても樽の姿は重量感と静かに引き締まった緊張感があって美しい。伝統と機能を併せもつものの美

■**樽の仕組み**（パンチョン樽を分解して、内側を表にして並べたもの）

鏡（かがみ）Head

５～６枚の鏡板を木の釘でつなぎ、側板の先端アリ溝にはめ込まれて貯蔵する。

パッキング　Packing

鏡板や側板の隙間をふさぐパッキングには、ガマの茎が使われる。

ダボ栓　Bung

樽の栓。口をダボ穴と呼んでいる。樽はこのダボ穴を上にして貯蔵する。

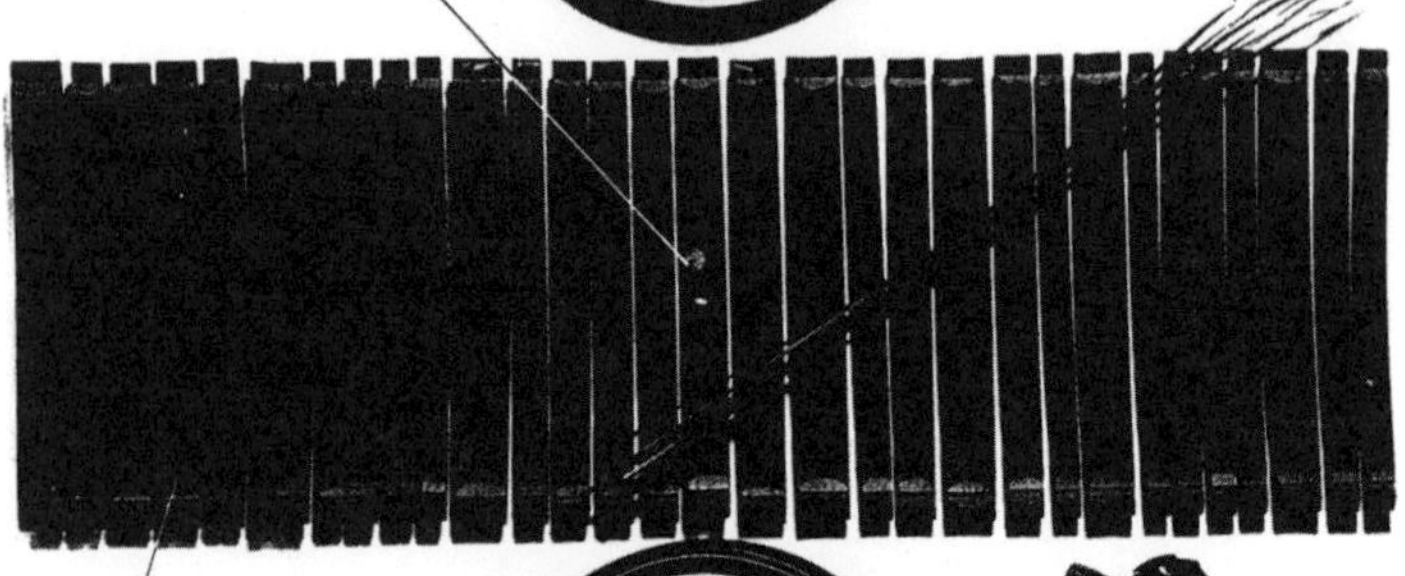

側板（がわいた）Stave

すべて樹齢70～100年ちかいホワイトオークの柾目板。内面は生木の匂いを消し、曲げやすくするため、焼いて焦がしてある。

リベット　Rivet

帯鉄を止める鋲。

帯鉄（おびてつ）Hoop

何枚もの側板や鏡をがっしりと密着させている締め輪。

ホワイトオーク樽の内面を焼く

しさであろうか。

樽づくりについて述べてみよう。樽づくりはまさに匠の世界であって職人としての知識、眼、熟練そして樽への愛情の必要な仕事である。樽の基本的な要件は何年経ってもウイスキーが漏れないことと、余分なものがウイスキーに溶け出してこないことである。このためにあらゆる工夫が昔から重ねられてきている。

まず樹種を選ぶことになるが、ウイスキー樽に現在使われている樹はほとんどがアメリカ東部産のホワイトオークである。オークといっても分類学上はコナラ属（Quercus alba）に入り、日本の樫とは違ってミズナラに近い樹種である。これが樽材として定着したのは18世紀以降でそれまではクルミやクリ等色いろの樹が使われていたようである。ホワイトオークは何百年も成長して立派な大木となる樹であるが、樽材用には数十年位のものが多く使われる。真直ぐで木目が均一で美しく、堅さ、強さ、耐久性に優れており、しかも蒸煮してからの曲げ加工がし易いという特性をもっている。従って樽材としてだけでなく高級家具等にも使われる用途の広い樹種なのである。

ヨーロッパ各地で産するコモンオークもしくはヨーロピアンオークと呼ばれる樹種（Quercus robur）も樽材として多く使われるが、こちらはウイスキー用よりはワインやブランデー用が多い。例えばボルドーワインにはフランスのアリエー、トロンセあるいはヌベール産のオークが、コニャックのブランデーにはフランスのリムザンやトロンセのものが良いといわれる。スペインのシェリー酒には以前からアメリカ産のホワイトオークが最良として使われてきており、シェリー酒の貯蔵後の空樽をウイスキーの貯蔵に使うとウイスキーが一層豊かになるということは前述の通りである。

山で伐られたホワイトオークは製材場で皮を剥がされ、樽用の長さに切断されさらに4つ割りにされる。次に板に挽かれるが樽材はすべて柾目（まさめ）どりといって樹の中心を通る方向で挽かれる。このとり方をするとねじれ、反り、割れが少なく、また貯蔵中ウイスキーの漏れや余計な成分の溶け出しも少なくなる。樽工場へ運びこまれた樽材は十分に検査された後合格したものは1～2年屋外に積んで天然乾燥される。

樽への加工は胴部分の曲がった側板と上下の水平部分の鏡板に分けて別べつに行われる。側板の加工はまず上下の面を削って厚さを一定にする工程から始まって11工程もあるが、樽1丁分側板枚数を円く並べて仮絞りをし次に「蒸煮」によって軟らかくして樽型に絞り、さらに内面に「焼き」を入れて曲げを決める。鏡板の加工も厚さ揃えに始まって9工程あるが、1丁分の枚数の板の接合には同じ材の木釘を使い接着剤や金釘は一切使用しない。接合された材は鏡板用に円く整形されやはり内面が焼かれる。この後、側板部に鏡板がはめ込まれて樽となるが、外側から鉄の輪によって締めていく。この締め輪を帯鉄という。さらにウイスキーの出入口となるダボ穴を空けて完成となるが、最終の工程は中に水を入れ圧力をかけて漏れが起こらないかの厳重な検査である。

新樽はそのまま使うと生木の匂いが出過ぎてウイスキーの香味の調和を損ねる。そこでウイスキーを詰める前に数ヵ月間シェリー酒を入れ生木の匂いを抜くようにしている。

樽づくりには色いろ独特の工具類を使うが自動化にはほど遠く今も人の手に負う所が極めて多い。また山から樹を伐り出してから樽の仕上がりまで何年もの月日が要る。材を見分ける眼、割り、挽き、削り、曲げ、接合、組立等の技術には長い熟練が必要であり、それはウイスキーの熟成にとって長い年月が必要なことと共通しているかのようにも思われる。長い間に培われた技術が樽を長い眠りに相応しいベッドに仕立てるのである。

樽を打つ「カーン、カーン」という音は、空樽の場合とニューウイスキーが入った時、あるいは長く貯蔵した後とではそれぞれ違うが、私にはどれもが快音であり大好きな音である。

サントリーは滋賀県(東近江市大森町)と山梨県(白州町)に大型の製樽工場を持っており、高い匠の技を備えた職人達が多彩な樽づくりを続けている。

加藤定彦氏※は入社からそれこそ樽一筋に生きられた日本でも貴重な専門家であり、私達のウイスキー造りを支え続けられた。氏の著書「樽とオークに魅せられて」(TBSブリタニカ2000)は秀れた指南書となっている。

※サントリーでウイスキー樽一筋40年、数年前に逝去された。

ウイスキーを豊かにするシェリーとは

ウイスキーと長く深い付き合いのあるシェリーについて述べてみたい。シェリーはスペイン南部アンダルシア地方に産する地方色豊かなワインであるが、独特の香りとおいしさがあり、また辛口、甘口とはっきりした区別と特徴があって世界的な銘酒になっている。世界一豊かであったイギリスが16世紀以降大量に樽で輸入し始めたことからウイスキーとの関係が深まった。イギリスはワインをほとんど産しないので大陸から樽で輸入したが、当然その空樽の再利用が図られウイスキーの貯蔵が本格化されるにつれて活用された。そして長年の経験でスペインのシェリーの空樽がウイスキーの熟成に最良ということになり、その伝統が現在まで受け継がれている。しかし現在はシェリーも樽で運ばれることは少ないし、ウイスキーの貯蔵量とシェリーの空樽の数とは到底マッチしない。日本でも必要なシェリー樽は特別に注文し、シェリーを何年間か詰めてもらった後に引き取ることにしている。またスコッチでシェリー樽を専ら使うことで有名なザ・マッカラン蒸溜所も特別に人を派遣して手配をしているそうである。今やシェリー樽の使用はウイスキーの一番ぜいたくな貯蔵手段となっている。シェリー樽で熟成させたウイスキーは誰でも見分けがつくほどはっきりした特徴がある。例えば深く赤味を帯びた色、ほのかなシェリーの芳香、そしてとろりとした濃い舌ざわりと柔らかい甘み（蜂蜜のようなという人もいる）等々で、作家の故・開高健氏も絶賛しておられた。ウイスキーにそんな魅力を加えるシェリーとは一体どんなワインなのだろうか。

シェリーの醸造はアンダルシアのヘレス・デ・ラ・フロンテラの町を中心とした限られた地域で行われる。この地域の土壌は一見して白いと分かる石灰質で、ここに背丈の半分位のぶどうが一面に栽培されている。品種は上級酒用にパロミノ、甘味づけ用にペドロヒメネスが主として使われるが、スペイン南部で雨も少ない地方なので糖分も上がり収穫時には25％位までになる。甘味用のペドロヒメネスは収穫後ゴザの上に拡げて天日乾燥させ糖分をさらに30～40％まで高める。果汁を搾る時にイエソ（YESO）という石膏を加えるのもシェリー醸造の特徴であるが、これは果汁中に遊離の酒石酸※を増やしpHを下げ安全な発

※酒石酸…ぶどうに最も多く含まれている有機酸であるが、大部分がカリウムと結合して存在する。石膏を加えるとその中に含まれる硫酸カルシウムと反応して遊離の酒石酸が増えてくる。

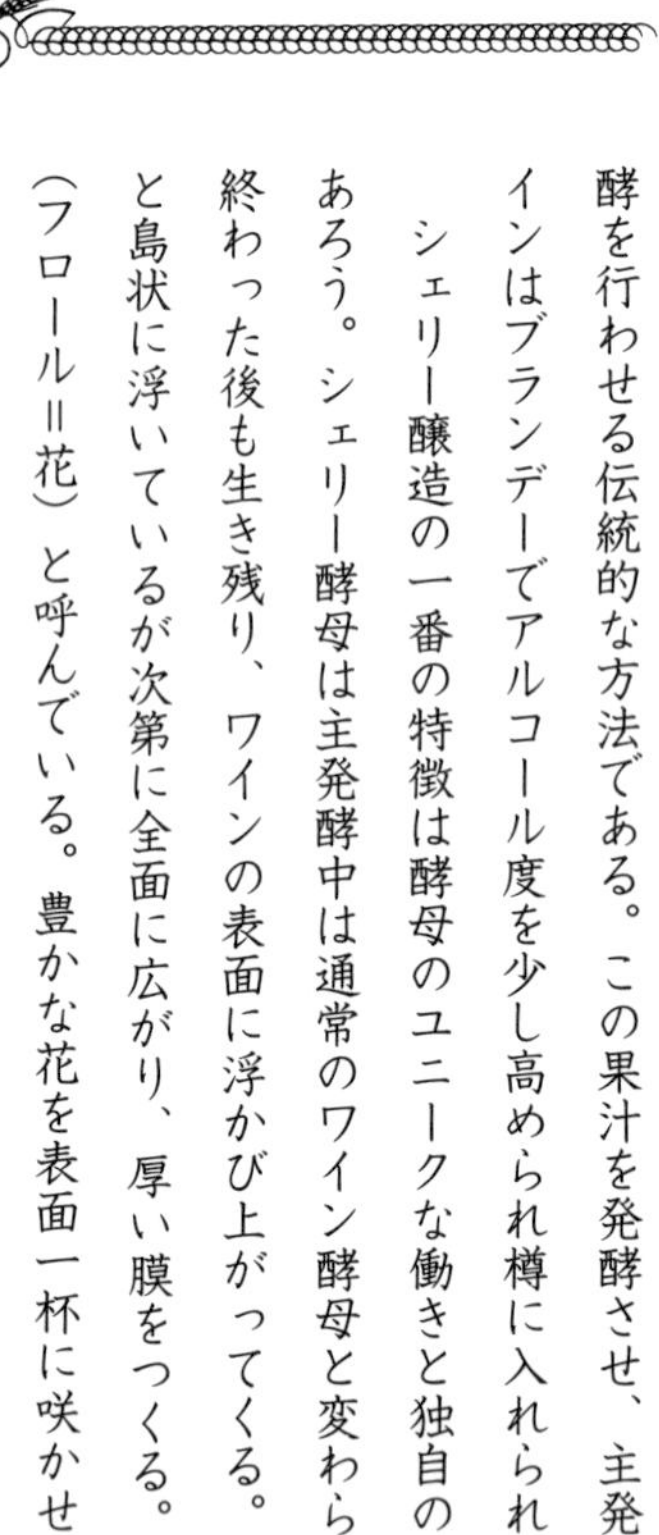

酵を行わせる伝統的な方法である。この果汁を発酵させ、主発酵の終わったワインはブランデーでアルコール度を少し高められ樽に入れられる。

シェリー醸造の一番の特徴は酵母のユニークな働きと独自の貯蔵のやり方であろう。シェリー酵母は主発酵中は通常のワイン酵母と変わらないが、発酵の終わった後も生き残り、ワインの表面に浮かび上がってくる。最初はぽつぽつと島状に浮いているが次第に全面に広がり、厚い膜をつくる。この膜をFLOR(フロール=花)と呼んでいる。豊かな花を表面一杯に咲かせるために樽にはワインを満量にせず7～8割程度にしておく。この生きた酵母の膜が何シーズンにもわたってシェリー独特の香味を醸し出していくのである。

貯蔵の独自のやり方というのはソレラ(SOLERA)といわれる方式で、シェリーの熟成と香味の均一を保つ役割を果たしている。貯蔵では樽を3～4段積みにするが最下段に一番古い酒を、上段に順次若い酒を入れる。製品用の酒は最下段から抜き取るが、抜き取った量だけ1つ上の段から順次補っていくというやり方で、これによって熟成と品質の均一性を保ちながら同時に新しい「血」を補って酒を活性化しているのである。通常1年に抜き取る量は4分の

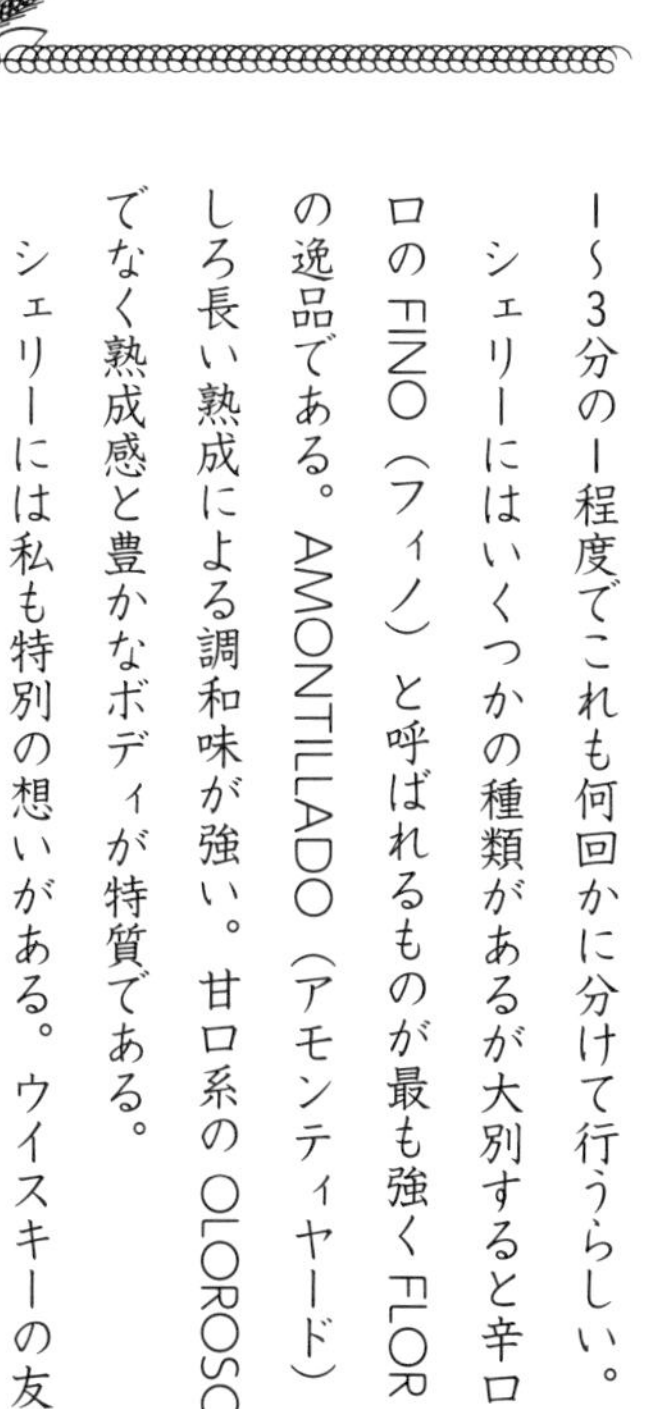

1～3分の1程度でこれも何回かに分けて行うらしい。
シェリーにはいくつかの種類があるが大別すると辛口系と甘口系となる。辛口のFINO（フィノ）と呼ばれるものが最も強くFLORの特徴香をもち食前酒の逸品である。AMONTILLADO（アモンティヤード）もその特徴をもつがむしろ長い熟成による調和味が強い。甘口系のOLOROSO（オロロソ）はFLORでなく熟成感と豊かなボディが特質である。
シェリーには私も特別の想いがある。ウイスキーの友でありまた30数年も前にシェリー酵母の魅力に引かれてFLORを咲かせる「花咲青年」を夢みて研究に取り組んだからである。この酵母はワインの有害産膜菌と同じ条件でよく膜をつくるが、優れているのは有害菌が育たない厳しい環境でもFLORをつくりしかも特別の風味を醸していくことにある。5年前に休暇を利用しヘレスの地を訪れ30数年来の宿願を果たすことができた。

官能テスト——ウイスキーの味わいをみる

地球上の動物達は、自身の感覚で食物を探し、安全を確認しながら生きている。その嗅覚の鋭敏さは現在の分析機器では到底及ばない。人間もまた動物の一群であり、衰えたりといえども香味への感度は鋭く、ものによっては分析機器よりも遥かに微量まで感じることができる。これこそ人間が地球上で生きていく動物としての尊厳性であり、資格であると私は思っている。さらに、人間は香味のデリケートなハーモニーすなわちおいしさを味わうことができる。

人が飲んだり食べたりする物を供給する職業の人間は、特にその香味や状態に強い関心を持たなくてはならない。一般の人びとより10倍では足りない、100倍位の関心を持て、と私はいってきた。一般の人びとの中にはとても感度の高い人や関心の深い人もいるからである。

ウイスキーを造り育てる場合にも、原料や製造の各工程から最終の製品に至るまでの各段階で官能テストが必要である。自動化やコンピュータ化が進み、細かい作業まで機械がやるようになると官能テストは軽視されがちになってくるが、やはり官能テストは酒造りの基本である。見る、嗅ぐ、口に入れる、この3つのテストである。たとえばウイスキーの仕込水は、見て濁りや変な色があってはならない。嗅いでみて気になる異臭があってはならない。そして口に入れてみて何よりもおいしいと感じる水でなくてはならない。麦芽についても豊満で色つや良く、快い香ばしさがあり、噛んで容易に割れ、中身全体が真白な粉状になっていなければならない。製造工程中の麦汁については、濁りが少なく、麦芽の香りと僅かのスモーキーフレーバーと快い甘さである。発酵醪は初期と終期では大きく香味が変わり、初めはフルーティさに酵母の香りがミックスしているが、終わりは酵母の自己消化が進み、味噌様の香りに酸味が入る。蒸溜中は時々刻々に状態や香味が変化する。これらを絶えずサンプリングしながら官能テストし確かめていく。貯蔵ウイスキーも毎年官能テスト（唎酒）を繰り返して熟成度を確認していくが、特にブレンダー達は丹念に貯蔵ウイスキーを見てブレンド構想を練っている。

ウイスキーの官能テストはどのようにして行っているのだろうか。環境は、明るく静かな部屋で神経が十分集中できる状態が必要で、時間帯は午前中、あまり満腹でなく、やや空腹な時が適している。テスト用グラスは香り立ちし易いチューリップ型を使い、これに10～20㎖のウイスキーを入れる。先ずストレートで唎き、次に等量の水（脱イオン水）を加え、水割りして唎く。水はウイスキーの香りを拡げてくれ、成分が分かり易くなり、良さと共に欠点もはっきりする。先ず色や輝きを見る。次いで、香りは初めは軽く嗅いでトップノートを唎き、次第に深く長く嗅いでいく。第一印象、特徴香とその強さ、スモーキー度、熟成感、ハーモニー等をみる。最後に口に入れて舌の上にころがし、まろやかさ、コク、調和等の味わいをチェックする。飲んだ後または吐き出した後に、口に残る余韻の香味も大切な要素である。

香味の由来は原料の麦芽から、酵母の発酵や菌体から、蒸溜から、貯蔵中の樽から等様ざまで、成分は何千ともいわれる。これを官能テストの総括的な品質として評価するのは大変難しいし、個人によって表現も違う。以前は、色、香り、味について得点で示し、それに特徴香を併記し総合点をつけるやり方であったが、これでは個人間の差があり過ぎ、様ざまなタイプのウイスキーの分別もはっきりしないということで、官能テストについても多くの研究、工夫が重ねられてきた。そしてプロファイル法とかＱＤＡ法といわれる特性描写型の評価法が使われるようになってきている。唎酒専門家の選定（パネル）、ウイスキーの特性を表わす用語の収集と共有化、パネルの特徴や能力の予知を行って後に、実際の唎酒を行い、評価項目毎の得点をチャート（アロマチャート）に表現する等の方法である。その図の形によってウイスキーの特性がつかめるということである。

ウイスキーは長年月をかけて丹念に育てられたもので、多くの方々にそのおいしさを楽しんでいただきたい。厳密な官能テストや分析は専門家のものである。飲む方々には基本の動物的な感覚を生かし、同時に人間の特権である知識と経験を増やすことによって、ウイスキーを一層深く心豊かに味わっていただけるのである。

ブレンダーとはどんな人

これまで私はウイスキー蒸溜所の土地や水探し、仕込・発酵・蒸溜・貯蔵等の全ての工程について様々な試みを重ねてきたが、ここでは私がやらなかった（できなかった）ブレンダーの仕事について述べてみたい。

ウイスキーの製品を世に出すまでの仕事は数限りないほどあるが、中味に限ってみると私がやってきた原料から醸造、蒸溜、貯蔵に至る長いウイスキー原酒育成の仕事と、この豊富な原酒を駆使して製品を創り上げる仕事に分かれる。育成の仕事には複数の蒸溜所と多くの人間が参加しているが、ブレンドといわれる製品創造の仕事にはごく少数の人間しか関与していない。スコットランドではこの2つの仕事は別のビジネスになっている。

「ウイスキーはブレンドで決まる」とか「ウイスキーが世界に拡大し愛飲されるようになったのはブレンダーの才覚とスキルによるものだ」とか、ウイスキー育ての者にはいささか面白くないようなことをいわれるほどブレンダーの仕事は製品づくりに決定的な役割を果たしている。従ってスコットランドでも日本でも、ブレンダーといわれる人達のプライドは驚くほど高い。サントリーでもマスターブレンダー※である佐治敬三会長（当時）は当然のこと、私の親友で現チーフブレンダー※である稲富孝一氏（当時）の矜持も相当なものである。

ウイスキーのブレンド（ブレンディングともいう）というのは正確にいうと1860年頃エディンバラのA・アッシャーが始めたもので、モルトウイスキーとグレインウイスキーを混和してブレンデッドウイスキーを創ることを指すのであるが、現在で

※マスターブレンダー
現在のサントリーのマスターブレンダーは
鳥井信吾副会長
※チーフブレンダー
現在のサントリーのチーフブレンダーは
福與伸二氏

はブレンドをする人即ちブレンダーというのは単に両者を混和する人という意味ではない。ブレンダーの主な仕事は何百というタイプの、そして膨大な数の樽のウイスキー原酒を自らのイメージと才覚によって重ね合わせて製品を創り上げていくことである。多くの違った素材を使って1つのハーモニー、優れた作品（美）を生み出す芸術家のようなものであり、また一方お客様にいつまでも喜んで頂ける商品をつくり上げる職人でもあろう。ブレンデッドウイスキーでもその香味の主役はモルトウイスキーであるので、ブレンダーの神経の多くはモルトウイスキーの選択と組み合わせに注がれる。しかしグレインウイスキーもそのモルトウイスキーの特性発揮の舞台（下地）をつくるものでどれを選ぶかは大切な仕事の筈である。

あちらこちらにある蒸溜所や貯蔵庫群の中にウイスキー樽がどう分散して置かれているか、そして熟成の進み具合が今どんな状態にあるかを正確に知っていることが、ブレンダーには先ず大切なことである。数名のブレンダーたちは年中各地の貯蔵庫からサンプリングしテイスティングを繰り返している。その記録を彼らはノートというよりは彼らの頭の中に、留めていっているのであろう。優れた製品は個性豊かな、タイプの違う原酒が豊富にあるほど創られ易い。優れた原酒と優れたブレンダーの才覚との組み合わせが世界的な銘酒を生むことになる。

ブレンダーになるのはどんな人なのだろうか。私は横から眺めてきたことであるが、やはり天性の嗅覚、味覚が敏感でなければならないし、性格的には品質へのこだわりを持ち続けられる強さと、時代の流れを見て対応できる柔軟性を併せ持つ人がいいだろう。さらにいえば芸術的なセンスや品質を言葉に表現できる能力も必要であろう。しかしこんな能力を初めから全て備えている人はいない。最も大切なことは若い間にウイスキー育てを経験し、ブレンダーの道に入ってからは自らに課してトレーニングを積み重ねるということだろう。

さて、日本のブレンダーとスコッチのブレンダーとは同じなのだろうか。前記したような基本的な要素はほとんど同じといっていいだろうが、日本では日本人による日本のウイスキー製品を創っている。日本の最初のチーフブレンダーでありマスターブレンダーであった鳥井信治郎が最も苦心した点は、日本のウイスキーのブレンドであったに違いない。ウイスキーは貯蔵中に森の空気や自然の香りを吸い込むといわれる。また日本人は欧米人と違って香りの強さを喜ぶよりは香りのデリケートさと味わいを大切にする。水割りを愛する日本人は舌と歯にしみ通るウイスキーの味わいを賞

鋭い感覚でモルトの官能テストをする稲富チーフブレンダー

である。日本のブレンダーは、従って香りの特性とハーモニーを大切にしながら、水割りの味わいとキレの良さ、食との調和にも心を砕いているのである。

第3章

世界のウイスキー

「ウイスキー」という言葉

自然発生的で神々の酒でもあったワイン等の醸造酒から、蒸溜という人間の技術が加わって生まれてきたのが蒸溜酒といえるであろう。蒸溜の技術はBC3～4世紀にアレキサンドリアを中心に生まれた錬金術で使われ、イスラム文化圏の中で育ちそしてイタリア、スペインを経て全ヨーロッパに拡がっていったといわれる。5～15世紀の長い歴史の中で蒸溜を含む技術、科学を発展させてきたのは錬金術師達（ALCHEMISTS）であった。彼らは卑金属から金をつくり、また不老長寿の薬を生み出すことを最終の目的とし何世紀にもわたって努力を続けたが、その目的は達成できなかった。しかし金や不老長寿の薬に代わって人びとの心を癒し生命に活力を与える宝物である「アルコール＝スピリッツ」を発見したのである。13世紀の修道士兼錬金術師であるレイモン・ルルはこのスピリッツを「神から発散したもので人類のエネルギーを復活させるもの」と賞賛している。このスピリッツはぶどう産地ではぶどうから、北部の穀物産地ではその土地の穀物から造られたが、蒸溜はそれらの原料からそのESSENCE（精＝SPIRIT）を取り出す技術であったのである。このESSENCEを「生命の水」という意味をこめてラテン語で「AQUAVITAE（アクアヴィティ）」と呼んだが、これがヨーロッパ全体で蒸溜スピリッツを表わす一般名として使われるようになった。アクアヴィティはぶどうを原料とした場合も穀物を原料とした場合も最初は飲用というよりも効果の著しい医療用、治療薬として使われ、次第に植物香料をブレンドしマイルドにすることによって酒として飲まれるようになった。

アイルランドやスコットランドはケルト人の一派であるゲール人が移住した土地であるが、彼らはここで穀物を原料としたアクアヴィティを造り出したのである。これがいつの頃かはっきりしないが多分10～11世紀以降と思われる。「AQUAVITAE」という言葉が正式に歴史上に現われたのは１４９４年（スコットランド大蔵省文書）であり、大麦（麦芽）が原料であることが明確になっている。この「アクアヴィティ＝生命の水」のゲール語の同義語が「UISGE BEATHA（ウシュクベーハー）」であった。誰がウイスキーを造り始めたかは茫洋として分からないのと同様にウイスキーの言葉の由来も明確ではないが、このゲール語であるUISGE（水の意味でISQUEまたはIS-KEともいう）の転化であることは間違いなさそうである。ウシュクベーハーは「US-QUEBAUGH（ウスケボー）」となり「USKY（ウスキー）」と変わっていったと考えられるが、その変化の時や使い分けはよく分かっていない。ウシュクベーハーやウスケボーは初めの頃はやはり医療用のものであったが、蒸溜したてのものに香りや味をつけ飲み易くし次第に飲用として普及し始め、酒として一般化したのは14～15世紀であった。

「WHISKY（ウイスキー）」の現在名が登場するのは、18世紀になってからである。1715年にあるスコットランドの本に「WHISKIE」の名で登場、1797年のブリタニカ百科辞典第3版では「WHISKY」について2行の説明が述べられている。しかし広く認知されたのは19世紀後半で、ブリタニカ百科辞典第9版（1889年）ではウイスキーについて4分の3ページが割かれている。ウイスキーが世界の酒としてその名を高めていったのは、やはり19世紀前半の連続式蒸溜機の発明によるグレインウイスキーがモルトウイスキーとブレンドされブレンデッドウイスキーとして消費が大きく伸びてからである。1911年のブリタニカ百科辞典にはウイスキーについて大変充実した内容が盛り込まれ、モルトウイスキーとグレインウイスキーの説明からモルトウイスキーの産地や分析表、熟成やブレンドについても述べられている。

日本についてはどうであったのだろうか。ウイスキーの百科辞典の記述は早く、既に1908年（明治41年）に半ページが割かれており分析表や輸入実績も付けられている。日本のウイスキーの最初の輸入は1871年（明治4年）であることも含め日本でのウイスキーの認知はイギリスとは大差がなかったことになる。今日の日本が大のウイスキー愛好国であるのは文明開化の明治の初期にその萌芽があったのである。

スコッチとアイリッシュ

名立たるホテルやバーには世界の様ざまなブランドのウイスキーが並べられ覇を競っている。そしてそれらを楽しむ世界の人びとのバラエティはもっともっと幅広い。しかし世界のウイスキーの名産地となると地図を拡げてみて5ヵ所しかない。ヨーロッパ地域ではスコットランド（スコッチ）とアイルランド（アイリッシュ）、北米ではアメリカ（バーボン、テネシー）とカナダ（カナディアン）、そしてアジアでは日本（ジャパニーズ）だけである。それぞれの地域のウイスキーは育つ環境や育てる人、技法も違い、また発展の歴史も異なるので私達が味わう香味は大変違ったものになっているが、どれもが確かな特徴と魅力を備えていて世界の人びとに潤いと安らぎを与えている。この5つの地域のウイスキーについてそれぞれの特性を比較しながらそれらの魅力を味わってみたい。

先ずスコッチとアイリッシュ。どちらもウイスキーの元祖を名乗る資格十分だが本家争いには未だ結着がついていない。アイルランドへケルト人がブリタニア（イギリス）を通って移住し定住したのはBC2世紀頃である。好戦的で恐れを知らない誇り高き民族でありローマ帝国もここには侵入しなかったといわれる。AD3～4世紀頃のローマ帝国衰退期にはアイルランドよりケルト人がスコットランドに逆進出し王朝をつくったが、アイルランドとスコットランドの往来は極めて盛んであったし、文化的にも大いに影響し合ったと考えられている。また両地域とも暖流の影響で緯度が北の割に冬も温暖で降雨量も多く水に恵まれている、肥沃な農地が少なく牧草地が大きい割合を占めている等の共通点も多い。従ってウイスキーの原型らしいものを造り始めたのはいつ頃かははっきりしないが両地域ともほぼ同時代の11世紀頃だったと考えられる。12世紀にイギリスのヘンリー2世がアイルランドを攻めた時、現地人が穀物を原料とした蒸溜酒を飲んでいたといわれるし、ウイスキーを意味する最初の頃の言葉「AQUAVITAE」が文書に初登場するのはスコットランドである。

スコッチとアイリッシュの造りの基本を比べてみよう。スコッチのモルトウイスキーの原料は大麦麦芽100%であるが、アイリッシュは麦芽だけでなく未発芽の穀物（現在は大麦、昔はライ麦やカラス麦も併用）を半量以上使用する。また麦芽製造時の乾燥工程でスコッチはピートを燃やし、その煙を麦芽に吸わせるが、アイリッシュはピートを使用しない。この原料面の2つの相違は両ウイスキーの香味の大きな違いとなっている。スコッチはいわゆるスモーキーフレーバーが有力な特性であるのに対し、スモーキーのないアイリッシュには未発芽大麦に由来する穀物の香味が素直に出ている。

仕込や発酵の工程は余り大きく違わないが蒸溜はかなり相違がある。両方とも単式蒸溜器（POT STILLS）を使うことは共通しているが、スコッチは初溜、再溜と2回の蒸溜を行うのに対しアイリッシュは3回の蒸溜を繰り返す。従ってスコッチのニューウイスキーのアルコール度が67～68%に対し、アイリッシュは85%以上となる。理由は色いろ考えられるが要するにスコッチは麦芽や発酵からくる香味を豊かに取ろうとしたのに対し、アイリッシュは種々の雑穀を使ったため単式蒸溜ながらきれいですっきりしたものにしようとしたものであろう。貯蔵にはどちらも種々のタイプの樽を使い余り両者に大きい違いはなさそうである。

以上がスコッチとアイリッシュの基本の造りの比較であるが、香味はスコッチの方がスモーキーフレーバーがありボディ感が強く、フルーツ様、クリーム様の香りが豊かであるのに対し、アイリッシュは穀物様の香りとうまさがあり、かすかな油様の感じとまろやかさが特徴である。

しかし、スコッチは連続式蒸溜機による香味の軽いグレインウイスキーの出現によってブレンデッドウイスキーが製品の主流になっている。ブレンデッドウイスキーの香味の特性は勿論モルトウイスキーの個性に大きく負っているが相当に軽く飲み易いものになっている。

一方、アイリッシュは原料段階でブレンドされているわけで軽くなっているともいえるが、最近では従来の3回蒸溜の基本ウイスキーの他に、2回蒸溜のモルトウイスキーやクリーンなグレインウイスキーも造られ、これらをうまく組み合わせブレンドすることによって多種類の製品が生み出されている。

■世界の５大ウイスキー

ウイスキーのタイプ	●原料	●蒸溜法	●製法及び製品の特徴
ジャパニーズウイスキー			
モルトウイスキー	麦芽（ピート）	単式蒸溜器 ２度蒸溜	スコッチに比べてスモーキーフレーバーは少ない。芳醇で香味のバランスがよくデリケート。水割りしてもハーモニーを保つ。
グレインウイスキー	とうもろこし 麦芽	連続式蒸溜機	
スコッチウイスキー			
モルトウイスキー	麦芽（ピート）	単式蒸溜器 ２度蒸溜	一般にスモーキーフレーバーが強い。力強さ、ボディ感があり、フルーティ、クリーミーなどの特徴も強いが蒸溜所による個性が大きい。
グレインウイスキー	とうもろこし 小麦、麦芽	連続式蒸溜機	
アイリッシュウイスキー			
ポットスチル ウイスキー	麦芽、大麦他	単式蒸溜器 ３度蒸溜	ピートを使わないためスモーキーフレーバーはない。穀物様の香りとうまさ。
グレインウイスキー	とうもろこし 麦芽	連続式蒸溜機	
バーボンウイスキー			
	とうもろこし（51%以上80%以下） ライ麦、麦芽	連続式蒸溜機	内面を強く焼いたホワイトオークの新樽で貯蔵するので、樽の香りが強く出る。香味が強く華やか。
カナディアンウイスキー			
フレーバリング ウイスキー	ライ麦、麦芽	連続式蒸溜機	フレーバリングウイスキーはライ由来の香味が強いが、この割合が少ないので香味が最も軽くスムーズ。
ベースウイスキー	とうもろこし		

グレインウイスキー誕生と発展の歴史

グレインウイスキーとは原料に麦芽と発芽していない穀物を使い、連続式蒸溜によって造られるアルコール純度の高いウイスキーで、麦芽だけを原料にし単式蒸溜によって造られるモルトウイスキーとは当然のことながら香味は大きく違っている。グレインウイスキーはモルトウイスキーにブレンドされブレンデッドウイスキーとなるが、ここに至るまでの誕生と発展の歴史に触れてみたい。

国や政府は人びとの楽しむものには何でも税金をかけたくなるものである。ウイスキーも誕生から初期の頃は農家の自家消費程度の規模だったので課税されていなかったが、やはり1644年にスコットランドで初めて税がかけられた。ウイスキーの単位容量当たりの課税になっている。1707年になってスコットランドとイングランドが合併し1つの国になったが（これを快く思っていないスコットランド人は今も結構多いようだ）、ウイスキーの税金は引き継がれた。1713年の酒税の変更で麦芽税というのが導入され、使用する麦芽の量に対して課税されるようになった。これで麦芽だけを原料とするウイスキーは大変不利になり、蒸溜業者達は麦芽を少なくし発芽していない大麦、ライ麦、小麦等を使って税金を下げコストも引き下げることで対抗した。1725年のことでこれがグレインウイスキーの始まりといわれる。この前後から100年以上にわたってスコットランドでは、ウイスキーの税をめぐって税務官と蒸溜業者達との壮烈な戦いがくり拡げられたのである。

18世紀後半になってスコットランド南部の拓けたローランドと、北部の山や高地の多いハイランドでは、ウイスキー造りについて分化が起こっていた。ハイランドは不便な土地で少人数、小容量のモルトウイスキーを細々と（大部分が密造）造っていたが、その品質は高く評価されていた。一方ローランドの蒸溜業者達はグレインウイスキーの需要の伸びで大型化し、イングランドやロンドンのジンやリキュールの市場に接近していった。この頃のウイスキーへの税は単式蒸溜器の釜の大きさに対しかけられていたため、蒸溜業者達はできるだけ急速に大量に蒸溜することに専念したのである。当然のことながらその品質は粗雑なものになっていった。

1823年に政府の密造対策への最後の試みといわれる新税法が制定された。高品質を生み出す伝統的な仕込法の容認、麦芽使用の奨励、貯蔵の免税等が認められた。また前年には密造に対する厳しい罰則が決められており、これらは密造の減少や品質

※ロバート・スタイン（Robert Stein）…18世紀のスコットランドのローランドウイスキー業草分けとして著名なスタイン家の出で蒸溜所のオーナー。1826年に円筒型で内部が毛織布の仕切りで区切られた小室の連なった連続式蒸溜機を発明。

の向上等、スコッチの近代化に大きな役割を果たした。

1826年になってロバート・スタイン[※]がこれまでの単式蒸溜器に代わる円筒型の塔で内部が小室に区切られた連続式の蒸溜機を発明した。この蒸溜機は醪を連続的に蒸溜塔に供給し下部より蒸気で加熱することによって、塔の各室で蒸発と凝縮が繰り返され極めて効率良くアルコール度が高められるというものである。最終の取り出しアルコール度は90%以上になり香味は軽くすっきりしたものになる。単式蒸溜で、しかも急速蒸溜した従来のグレインウイスキーに比べ格段にクリーンで安定した品質のものが得られた。

次いでイニアス・カフェイ[※]が改良されたカフェイスチルを開発し、グレインウイスキーの蒸溜に使われるようになった。これらの蒸溜機による品質の安定化と生産性・経済性の良さで、グレインウイスキーの製造は単式蒸溜から次第に連続式へと取って代わっていった。

19世紀半ばになり、唯1種のウイスキーだけで製品化するのではなく、異なる年代や蒸溜所のモルトを混ぜ合わせて（ヴァッティング）ウイスキーの多様化を図ることや、さらにグレインウイスキーの品質が飛躍的に良くなる中で、モルトとグレインの

※イニアス・カフェイ（Aeneas Coffey）…アイルランドのダブリン生まれ。元税務署の検査官であったが技術・開発に秀でていた。最初は1本の塔の、次いで醪塔と精溜塔の2本が並立する効率の高い連続式蒸溜機を発明し、グレインウイスキー製造に大きく貢献した。

性質の全く異なるウイスキーを混ぜ合わせる（ブレンディング）ことが始められた。このブレンデッドウイスキーは伝統的製法による個性豊かなモルトウイスキーと、進歩した技術で生まれたクリーンなグレインウイスキーとの組み合わせであり偉大な産物となった。モルトの魅力的な個性を生かしながら香味が軽快で飲み易く、値段も安くなるという新しい価値を生み出した。この両者のブレンディングをマリッジ（結婚）と呼んでいる。

この結婚によって得られた成果は、スコッチウイスキーにとって計り知れないほど大きなものになった。ウイスキーはロンドンからイギリス全土へ、そして世界に向かって急速に広がっていったのである。

モルトを支える内助の功

グレインウイスキーはモルトウイスキーとブレンド（マリッジ）されてブレンデッドウイスキーとなる。グレインウイスキーの役割はいまどき流行らない言葉かも知れ

※サングレイン社（愛知県）の連続式蒸溜機

※現サントリー知多蒸溜所株式会社

ないが「内助の功」である。

世界のウイスキー製品の9割位はブレンデッドであるが、その香りの特徴を決めるのは個性豊かなモルトウイスキー等のストレートウイスキー※である。グレインウイスキーはそのモルト達の強い個性や主張を柔らかく受け止め、広く拡げてやりそして全体を優しくして万人に飲み易くするのである。自己主張をしないでモルトの良さを後ろから支える。「縁の下の力持ち」といってもいいかも知れない。「内助の功」や「縁の下の力持ち」は唯おとなしいだけ、あるいは無性格であればいいというものでない所にグレインウイスキー造りの難しさがある。組む相手によっておとなしくついていく方がいい場合もあれば、少し口出しして頑固さを和らげたり欠点を補ったりしてやらねばならないこともある。将来結婚するであろう相手を考えて4種類位を工夫して育てている。日本のウイスキーの特徴は豊かな香りとバランスの良さ、味のハーモニー、飲み易さにあるが、モルトウイスキーだけでなくグレインウイスキー造りの様ざまな工夫も影響しているのである。

グレインウイスキー造りはモルトウイスキーと大きく違っているので簡単にそのプロセスを追ってみたい。主原料は穀物でとうもろこしを使うことが多い（スコットラ

※ストレートウイスキー…ジャパニーズ、スコッチのモルトウイスキー、アイリッシュのポットスチルウイスキー、ストレートバーボンのようにグレインウイスキーをブレンドしていないウイスキーをいう。

ンドでは最近コストの関係で小麦を使う所が多くなっている)。もう1つの原料として麦芽を10~20%使うが麦芽の主な役割は穀物澱粉の液化、糖化である。麦芽を多く使うとウイスキーの香味は複雑になる。この2原料を別べつに精選し細かく粉砕する。穀物の生澱粉はこのままでは発酵しないので温水を加えた後120~150℃まで加圧蒸煮し、澱粉の強固な構造をほぐして麦芽の液化や糖化酵素の作用を受け易くする。その後麦芽を加えて発酵し易い糖分に変え、20数℃に冷却して酵母を加え発酵させる。発酵は3~4日続くがモルトウイスキーよりは少し長めで、発酵の終わった醪のアルコール度は9~10%程度である。

発酵の終わった醪は撹拌し均一にしながら連続式蒸溜機の第1塔の上部に供給する。この塔は小さい穴の空いた棚で何十段にも区切られており、醪は各棚を順に降りてくるが下から昇ってくる蒸気と接触し、揮発し易いアルコール分等は全て塔の上部から回収され次の塔へ導かれる。アルコールを含まなくなった液や粕は塔の下部から排出される。アルコールを含む液は次の蒸溜塔の中段から入って蒸発と凝縮を各棚で繰り返し、不必要な成分は途中で抜き取りグレインウイスキーに好ましい成分や穀物の旨味をもった目的の区分だけを特定の棚から取り出すことになる。グレインウイスキーの中でも比較的重い（副成分を多く含む）ものを望む時は第1塔と第2塔の組み合わせで蒸溜を行うが、より軽い（副成分の少ない）ものを望む時はさらに第3塔、あるいは第4塔と連続して蒸溜を繰り返しクリーン度を上げていく。当然のことながらクリーンなウイスキーにするほど、蒸溜に必要なエネルギーは多く必要になるが、技術を駆使してエネルギーを節減する色いろな工夫がなされている。

蒸溜されたニューグレインウイスキーはアルコール度が94％台でモルトウイスキーに比べて当然のことながら香味とも極めてクリーンで「切れ」が良いが、その中での香味の微妙な濃淡の造り分けは例えば原料配合、蒸煮温度、酵母と発酵経過、そして特に効果の大きい蒸溜の微妙な操作と蒸溜塔の組み合わせ等である。

グレインウイスキーもやはり樽で貯蔵する。モルトウイスキーより香味成分が少ないので貯蔵期間は一般に短いがそれでも最低3年は必要であり、クリーンな性格ながらも香りや旨味の幅が拡がる。結婚相手により貯蔵年数は5年、7年と長くなり、年数表示のブレンデッドウイスキーの場合はグレインウイスキーもその年数の貯蔵が必要である。

モルトウイスキーを育てることに30年ほど専念した私は、酒造りの最後の仕事としてグレインウイスキーの製造にまる5年間関わってきた。最近の独立心の強くなった日本の女性達に倣って、私も「内助の功」でないグレインウイスキーだけの特徴ある製品を出してみたいと考えたがいかがなものであろうか。※

バーボンとカナディアン

北米大陸のウイスキーはヨーロッパからの移住者によって始められたものであるが、原料配合や製法が大きく違うのでスコッチやアイリッシュとは香味の性格が全く異なっている。

とうもろこしはバーボンの香味の大きな特性となっているものだが、アメリカ大陸を代表する穀物で、特に合衆国の穀倉地帯の巨大産物である。栽培の起源も古く、メキシコやペルーでは5千年も前からつくられていた。

ライ麦はカナディアンの香味を決めている最大のものであるが、栽培の起源はヨーロッパ北東部といわれている。耐寒性が特に強く乾燥砂質を特に好むのでヨーロッパ

※サントリーは2015年に知多蒸溜所でつくられたグレインウイスキーのみによる『サントリーウイスキー知多』を発売した。

やアメリカ大陸で広く栽培されている。単位面積当たりの収穫量はとうもろこしに比べてかなり少ない。

アメリカ先住民達も古くは彼らの主食穀物から醸造酒を造っていたが、祭礼用で、広くは飲まれていなかったようである。北米への蒸溜技術はヨーロッパ人によってもたらされたが、最初は西インド諸島の糖蜜からラムを造ることに使われ、彼らの交易において有利な材料にあてられた。次第に原料が主要穀物であるライ麦に、そしてとうもろこしに変わっていき、蒸溜方式も連続式を採用することになって近代化していったのである。アメリカのウイスキーを代表するバーボンとカナダのカナディアンについて別べつに述べてみたい。

バーボンの現在の主産地はケンタッキー州ルイビル近在であるが、この州に蒸溜所が造られたのは18世紀後半である。バーボンの名はこの州のバーボン郡に由来している（現在はこの地に蒸溜所はない）。バーボンは南北戦争（1861～1865年）を契機として躍進したが、アメリカ歴史上最悪の法といわれる禁酒法（1920～1933年）により壊滅的打撃を受けた。撤廃後は高品質のバーボンを生み出す優れた蒸溜所が復活し、また大資本の進出もあって近代化が図られ世界に声望が広まっていったのである。

バーボン製法の特徴は原料配合、仕込水、蒸溜法、貯蔵樽にあるといえる。原料の主体はとうもろこしで51％以上80％以下と法で決められており、副原料はライ麦と大麦麦芽である。配合割合の一例を示すと、とうもろこし70、ライ麦18、麦芽12である。仕込法の特徴としては仕込水に蒸溜排出液を20～30％使用することで、これによって醪のpHが低くなり雑菌汚染が防げることと酵母に栄養分が補給され安全で豊かな発酵が保障される。この方法をサワーマッシュと呼んでいる。

蒸溜もバーボンの特徴の1つで、1塔式※の連続式蒸溜機にダブラーという再溜釜を併用する。蒸溜アルコール度数が80％以下と決められているが、実際は64～70％位で行われており、副成分が豊かにウイスキーに入ってくる。

貯蔵では特に樽の使い方に大きな特徴がある。全て小容量の新樽で、その内面が強く焼かれたものを使用する。この樽貯蔵は香味に大きな効果を与えている。以上がストレートバーボンであるがその香味は強く華やかで色も濃い。華やかさはとうもろこしに多いカロチノイドが蒸煮や蒸溜中に変化した成分や高級アルコールの多さにある。樽材を強く焼いた効果は炭による不快臭の早い吸着と、熱変化を受けた樽の成分

※バーボンの蒸溜機…蒸溜塔の内部を小室に仕切られた連続式蒸溜機を使用するが、蒸溜アルコール度数が低く副成分を多くとるため1塔式になっている。これに再溜用のダブラーと呼ばれる蒸溜釜をつなぐ。

のウイスキーへの溶け出しとそれの分解に由来する甘みとコクである。また琥珀色も濃くなっている。ストレートバーボンを50％以上含むブレンデッドウイスキーをブレンデッドバーボンという。

カナディアンは2種類のウイスキーのブレンドである。1つのウイスキーは香味の特性づけをするライ麦のストレートウイスキーで、原料のほとんどがライ麦（発芽したものも使用）である。蒸溜はバーボンと同じ方式を使い、蒸溜度数も低いのでライ麦由来の強い特性をもっている。もう1つの種類はライウイスキーの特性を和らげるための極めてニュートラルな性格のウイスキーである。原料はとうもろこし95～100％で、蒸溜も連続多塔式、蒸溜アルコール度数も95％程度と高いため、日本やスコットランドで造るグレインウイスキーよりももっと軽いものである。

この両者をブレンドしてから貯蔵する。カナディアンはライウイスキーのブレンド割合が一般に5％前後と低いため、大変軽いタイプのウイスキーとなっており、世界の5大ウイスキーの中では最もライトでスムーズである。それでも香味はクリーンさの中にライ麦に由来する特性があり、若干のスパイシーさとほろ苦さを味わうことができる。アメリカのバーボンの強烈な個性に対立した、優しいウイスキーといえるだろう。

アメリカのもう1つのタイプ「テネシーウイスキー」

アメリカ南東部のテネシー州の州都はカントリーミュージックの街ナッシュヴィルである。ここから南東へ車で1時間半の道筋は森あり小川あり畑あり、こぎれいな農家が点在して嬉しくなる風景である。行先はリンチバーグと呼ばれる小さい町で、中心に郡の裁判所と数軒のみやげ物屋や有名な女主人のいる田舎料理レストラン等がある。ここから少し下った所に世界に名を馳せているウイスキー蒸溜所「ジャック・ダニエル」が建っている。ここで生み出されるウイスキーがテネシーウイスキーの代表である（10マイルほど離れたタラホマの町にもう1つジョージ・ディッケル蒸溜所がある）。

テネシーウイスキーは税法上ではバーボンに入っているが、製造途中に独自の炭濾過の工程があり、香味の特性もはっきり違うので区別され世界中に認知されている。

洞穴から流れるライムストーンウォーター（ジャック・ダニエル）

テネシーウイスキーを生み出し世界に拡めたジャック・ダニエルその人について少し語ろう。6歳で家出し、7歳でウイスキー造りを手伝って懸命に働いた少年ジャックは、親方の仕事を13歳で引き継いだ。そして16歳で現在の地にアメリカ政府許可第1号の蒸溜所を造ったというから驚きである。彼のウイスキーは順調に売上げを伸ばしたが、何よりもエポックメーキングになったのは彼のウイスキーが1904年のセントルイス世界博で最高の金メダルを得たことであり、これによってテネシーウイスキーは世界に認められることになった。150数cmの小男であったジャックは、粋で働き者であったが一生独身を通した。彼の像は今蒸溜所内の洞窟から流れる清らかな水のほとりに立っている。

ジャック・ダニエルウイスキーについて見てみよう。先ずライムストーンウォーター※といわれる良質の豊かな水が蒸溜所内にある。原料（とうもろこし、ライ麦、大麦麦芽）配合から蒸溜に至るまではバーボンと大差がないが各工程とも大変丁寧に進められている。仕込には「サワーマッシュ」といわれる蒸溜排出液を一部使用する方法や、酵母の培養に先立って乳酸菌を増殖させる等の面倒なこともやられている。蒸溜は連続式とダブラーという単式を組み合わせるバーボンの方法と同じであるが、その後の

※ライムストーンウォーター…ジャック・ダニエルの仕込に使っている水は、蒸溜所背後の大きな岩の洞穴から流れ出ており、おいしい軟らかい水である。蒸溜所の人達はこの水をライムストーンウォーター（石灰岩水）と呼んで誇りにしている。

ニューウイスキーの処理がジャック・ダニエル（テネシーウイスキー）を独特のものとしている。それはニューウイスキーを「さとうかえで」の木を燃やしてつくった消し炭の中をゆっくり濾過させるというもので「チャコール・メローイング（CH-ACOAL MELLOWING）と呼ばれている。この濾過されたウイスキーを内面を焼いた樽に入れて貯蔵する。

この蒸溜所の中には製材所があってさとうかえでの木から1m余りの長さの厚板が挽かれる。これを屋外で井桁に組んで2m以上に積み重ねられ火がつけられる。炎は音をたてて激しく燃え上がり最高に達した時に水をかけて消す。この消し炭を細かく砕き数㎜の粒にして木桶の中に3mの厚さに詰められる。この上に孔の空いた細い銅パイプが走っており、ここからニューウイスキーがそれこそ「ポタ、ポタ、ポタ」と落ちてゆっくり炭の中を通過していく。これによってニューウイスキーは大きく変化し、ジャック・ダニエル（テネシーウイスキー）の特徴を身につける。

ジャック・ダニエルのあの特徴――バーボンと明らかに異なる香味――香りはかなりクリーンな強い華やかさで少しスモーキーさを感じる人もいる。味はドライであるのに特にまろやかで滑らかである。まろやかさは勿論樽貯蔵で膨らむものであるが、この炭濾過によって特徴のまろやかさの原形ができ上がる。私はここを訪問した際、試験室で濾過前後のニューウイスキーを試飲させて頂いたが、その見事な変化を実感した。特にニューウイスキーのもつハーシュ、ハスキー（いがらっぽさ）が全くなくなっていることと、まろやかさの始まりであった。私の仲間が色いろの炭を使って蒸溜酒を濾過しその効果を研究しているが、共通した効果としては高温で焼いた炭内の広い表面積上での吸着による刺激臭の除去、それによって華やかな香りが表に出てくること、炭からの溶出成分であるミネラル分（カリウム、カルシウム等）が味に直接影響すること、およびこれらの溶出成分がアルコールと水の会合を促進して味を一層まろやかにすること等であろう。

ジャック・ダニエルはシッピンク（SIPPING）ウイスキー――1滴1滴をなめるようにいつくしみ味わうもの――といわれる。辺境といわれるテネシーの片田舎にこんな素晴らしい伝統が今も生き続けていられるのも、酒のもつ有難さといえるであろう。

バーボンとグレインウイスキーの違い

少し前まで、私は愛知県の知多半島でグレインウイスキーを造っていた。主原料であるアメリカ産とうもろこしの輸入に極めて便利な場所である。仕事の内容を尋ねられた時「とうもろこしと麦芽を使ってグレインウイスキーを造っています」と答えると多くの方達が「それじゃバーボンですか」とか「バーボンとグレインウイスキーはどう違うのですか」と問い返される。バーボンとグレインウイスキーはとうもろこしのような未発芽の穀類と糖化剤としての麦芽を原料とするという共通点をもってはいるが、製法がまるっきり違うので飲み比べてみれば誰でも区別がつく。しかし両者の相違点をはっきり認識されている方は意外と少ない。

バーボンはご存知の通りアメリカを代表するウイスキーで、定義が明確でありこのカテゴリーに入る沢山の製品がある。その香味の特徴は他のウイスキー類と比べて自己主張が一番はっきりしているといえるだろう。それに対してグレインウイスキーには余り細かい定義がないし香味の特性が弱く、それ自身だけで製品になるということが極めて少ない。ほとんどがモルトウイスキーのような個性的なウイスキーのブレンド用であって、余り自己主張しないでモルトとの調和や飲み易さを促す内助の功に徹している。

バーボンについておさらいすると、とうもろこしの国アメリカに相応しくとうもろこしが51～80％と規定され、残りはライ麦と麦芽が使われる（配合例　とうもろこし70、ライ麦18、麦芽12）。仕込水の一部に蒸溜排出液を使用し酵母への栄養補給と醪のpHを低く保って健全な発酵を保証するサワーマッシュが一般に行われる。蒸溜は1塔式の連続式蒸溜機と再溜釜を併用するが、蒸溜アルコール度数は80％以下と決められている。実際は64～70％とかなり低い度数で取られるので副成分がリッチとなる。貯蔵は全て内面を強く焼いた新樽に詰めて行うことが義務づけられている。以上の原料配合、仕込、蒸溜法と樽貯蔵の特別のやり方がバーボンの香味を特徴づけている。とうもろこし由来の華やかさ、発酵・蒸溜に由来する高級アルコール等の多さ、内面を焼いた新樽からの多くの溶出成分に由来する色と香味の豊かさと内面の炭へのウイスキー成分の吸着による早い熟成等がバーボンの特性であろう。

グレインウイスキーには細かい定義はないが一般にブレンド相手によって原料配合、蒸溜法、樽種類等が変えられる。主原料はとうもろこしであるが時々の穀物価格で他の物に変わることもあり現にスコットランドでは小麦も多く使われている。これに一部（10～20％程度）糖化用に麦芽が使われる。サワーマッシュはグレインウイスキーにも使われる。蒸溜はバーボンと大きく違い連続式の多段の蒸溜塔を2～4塔使ってクリーンに磨いていく。バーボンの蒸溜アルコール度数が80％以下であるのに対し、グレインウイスキーは94％程度と大変高い。従って穀物のおいしさ等の好ましい成分は残すが、刺激性の軽い成分や重過ぎる成分は蒸溜途中でカットされ香味は極めてクリーンで「切れ」の良いウイスキーとなる。貯蔵も特に規制はないが貯蔵中に樽の成分が余り出過ぎてクリーンさを損なうことのないように古樽を使用することが多い。

アメリカのウイスキーの起源は18世紀後半で比較的新しいが初めの頃のライ麦原料が品種改良、大量収穫のとうもろこしへ主原料が変わっていった。アメリカのウイスキー定義が数ある中でバーボンが何故主流になったのかはよく分からないが、コーンベルトといわれるとうもろこしの大量産出、湿度の低い環境での貯蔵、歴史の新しい国の青年の活力、比較的単調な食事……等を考えるとバーボンのもつ強くて華やかな香味、ミキサブルな特徴や種々の飲み方が分かるような気がする。

グレインウイスキーはスコットランドの長い反税闘争（麦芽税）に由来する穀物使

用に起源があると思われるが、19世紀半ばより連続式蒸溜機の近代武器の使用による大型化とコスト低減が可能になった。そしてこの近代的な酒、文明の酒は、様ざまな経過を辿りながら長い歴史をもつモルトウイスキーとの妥協点を探りブレンドという共存の道を探し当てたのである。グレインウイスキーはモルトウイスキーへの内助の功に徹することによって実をとり、世界の酒、文化の酒へとウイスキーの地位を高めていったといえよう。

ジャパニーズとスコッチ

スコッチウイスキーが日本の棚に並んでいるのと同様に私達のウイスキーもロンドン、パリ、ニューヨーク等の有名ホテルに並び、また各国の空港免税店で売られている。ロンドンっ子によれば日本のウイスキーは「芳醇で豊かだがすっきりしておりバランスがとれて飲み易い」とのことで日本での評価と一致している。

日本人が初めてウイスキーに接したのはいつかははっきりしないが江戸の末期であ

ろう。浦賀にペリー提督が投錨した折、当地の奉行がアメリカ艦上のパーティに招かれワインやウイスキーをご馳走になったという記録がある。大いに楽しんだということである。しかし輸入ウイスキーが一部の識者に飲まれ出したのは20世紀前後である。スコッチが長い密造の時代を経て合法のウイスキー時代に入り、さらに連続式蒸溜機によるグレインウイスキーの誕生、そしてモルト、グレイン両者によるブレンデッドウイスキーの普及に連なるスコッチの近代化は19世紀後半から20世紀の初めである。

鳥井信治郎（サントリー創業者）が少量とはいえ輸入品（舶来）であったウイスキーを、何としても日本の自然の中で日本人の好みに適ったウイスキーとして自身で育てたい、そして拡げたいと考えたのは丁度その時代である。山崎蒸溜所の建設が1923年であるからスコッチの近代化の始まりと私達のウイスキーのスタートはそれほどの差はない。

しかしスコッチの原点は旧くウイスキーの大先輩であることは間違いなく、私達の先人が最初スコッチの技を忠実に学ぼうとしたのは当然である。水を選び機器類を同じにし工程を模したが同じものは生まれなかったし、ましてや自分の望みのウイスキーを生み出すことはとてもとても難しかった。最初の10数年間はそれこそ苦闘の連続、辛酸をなめ尽くしたといわれる。

　酒の香味（品質特性）は、自然と造り手と飲み手の三者の長い交流によって創られ練られ仕上げられていく。そして単に酒造りの技や酒への好みといったものでなく長い民族の生活習慣、もっといえばその国土がもつ諸々の環境によって育て上げられるものである。酒がもつ文化といわれる由縁である。酒はその国の生活、文化の所産でありそれ故にすぐれた酒をもつ国民はすぐれた文化の持主であるといわれる。

　スコットランドを旅して見る光景——樹々の少ない広い山々と草原、点在する羊の群、ピート層を通ったやや茶色がかった河の水——これらは日本の山野の風景と大きく異なっている。豊富でない自家用の穀物を使い、税官吏の追跡を必死に逃れて山奥で粘り強く育ててきたスコッチの歴史と厳しさは、今のウイスキー、特にモルトウイスキーの中に生きている。力強さ、スモーキー、オイリー、硫黄系の香り、そして口への刺激の強さ。モルトの蒸溜所は今も1つの規模が小さく数が多い。そして各蒸溜所は自分の造るウイスキーを決して変えようとしない。

　それに対し私達のウイスキーを育てる環境は豊かである。緑の樹々に覆われた中に澄んだ水が流れている。四季の美しい変化の中に平和な暮しがある。この環境の中で日本人独自のきめ細かな感性や芸、技が磨かれてきたのであり、これらが「香味豊かで調和のとれたモルトを育てる」ことにも向けられてきたのである。日本のウイスキーが苦闘を重ねながらも日本人の好み、食の習慣に適したものに育っていったのは当然であろう。芳醇でありながらすっきりし、熟成感に裏打ちされたハーモニーとデリケートさ、飲み易さが身上である。ストレートでも飲み易く、水割りしても香味が割れないのが特徴である。

さらに私達のウイスキー造りのもう1つの特徴は原酒、製品ともに絶えず品質の向上を図り続けていることである。原料や酵母選び、仕込、発酵、蒸溜等の工程条件や樽の使い方に改善を重ね、原酒の品質の向上と種類を増やすことに今も努力を怠らない。ブレンダーはこれらの原酒を駆使して製品中味を絶えず「リファイン」している。

ジャパニーズとスコッチ、原料や製法はスモーキーフレーバーの強さを除いてほとんど同じであるが、それぞれがもつ自然環境や民族の歴史、文化の相違から育てられるウイスキーはやはりそれぞれの独自性（アイデンティティ）を主張しているのである。

第4章

ウイスキーを楽しむ

バーで飲む——短くても贅沢な時間

「忙」しいという字は心（情）を亡くす（失う）と書く。毎日朝から夕方まで忙しい時間を過している私達は、たまには心（情）をとり戻す豊かな時間を持ちたいと思う。1人で、あるいは親しい友人と静かに飲みたい時もあれば、本当に一緒に飲みたい女友達と2人で過したい時もある。こんな時に一番相応しい場所は本格的なバーかホテルのバーであろう。

「バーに入る。カウンターがある。カウンターに座ると男は皆役者になる」

これはある作家の言葉であるが、それほど格好が良くなくても、カウンターに座ると私達も何となく心地良い緊張感に包まれる。昭和の初期には男達がバーでダンディズムを磨いたといわれる。今は男も女も差なく時代の新しい息吹を感じ、それを自らのものにし磨いていく時代であるが、バーは今も大人の感覚を磨いていくのに相応しい場所ではないだろうか。

バーには素晴らしいオーナーやバーテンダーのおられることが多い。決してお客の話題に立ち入らないが、飲み手の心をしっかり読み取ろうと神経を使っている。数多

昭和30年代のトリスバー

くのウイスキーの個性や物語をより深く知り、お客にウイスキーを楽しんでもらおうと心を砕いている。お客がウイスキーにもっている漠然としたイメージや恋心を具体的な形にしてグラスに満たしてくれるのが嬉しいバーマンである。こんなバーマンのつくる水割りの1杯は、家でつくるのと全くといっていいほど違った味わいとなる。

嬉しい時、打ちひしがれた時、何かを決めたい時、いい人に巡り合った時、ふられた時……、こんな時にはウイスキーが一番相応しいと思う。こんな意味のことを書いている人がいた。

「想いの叶わない女を送っての帰り道、何ともやり切れない気持ちを独り深夜のバーで——一杯はあの娘のために、もう一杯は帰る勇気をつけるために」

一寸もの悲しくほろ苦いがウイスキーのストレートが合いそうだ。

どのウイスキーをどう飲むかは人好きずき自由気儘でよい。要はおいしくてその時間が自分の心に溶けこめばよい。1杯だけでもいいが2杯は飲んでみたい。私はストレートの時はショットグラスよりも大き目のグラスに1フィンガーか2フィンガーを入れる。冷たい水を横に置いて。特に『響』のような熟成度が高く奥深いウイスキーは、ストレートでゆっくりと香りも味も楽しむ。個性の強いモルトウイスキーは、量は少なくても1杯目はやはりストレートでゆっくり香りと味をのぞいてみたい。バーマンの意見も拝聴しながら。

オンザロックもいい。大ぶりの飾り気のないグラスによく締まった固い氷を入れてもらい、自分の好きなウイスキーを注ぐ。キラキラ光る透き通った氷に琥珀色のウイスキーが注がれる時は本当にきれいである。カタカタカタと鳴る音、そして飲んだ時の口当たりの冷たい心地良さには一種の興奮を覚える。

水割りの水はウイスキーの香りを開いてくれるプリズムの役割をもっているといわれる。ウイスキーの特徴や善し悪しがよく分かる。またつくる人によって大変味わいが違ってくるものでバーマンの技量が出る。水割りで一番大切なのは勿論水であるから、いい水を使っていないバーには行かない方がいい。いいウイスキーは水割りにしてもおいしいのは当然であるが、スモーキーの余り強いウイスキーは水割りをするとそれがウイスキーの熟成感と分かれてしまう。ウイスキーの個性を愛する人はバーでは余り薄くしないで飲んだ方がいいように思う。また1杯目、2杯目……、をいつも同じ濃さでなく少し変えてみると同じウイスキーでも味わいが変わって楽しい。

バーマンはまたウイスキーに合ったツマミをよく工夫してくれている。カウンターで気にいったウイスキーを丁寧にサーブしてもらい、時には静かに、時には酒にまつわる話を聴きながらウイスキーとツマミを味わわせてもらう。ほどよい緊張感と快い存在感、そこにいる時間は短くてもバーはやっぱり飲み手の舞台かも知れない。

和食とウイスキー

夏はいかにも涼しいように、また冬は体の芯から温まるように酒は飲みたいと思う。そして春は花に心を寄せ、爽秋は食と人に恋して。

1日の仕事を終えての夕食の酒と食事ほど快い喜びはないが、それだけに酒とサカナ（酒菜）の相性は大切にしたいものである。日本の食事は元来主食と副食がはっきりと分かれ、また酒も男が主体で食べる前に多く飲まれるという形であったが、現在はアペリティフ的に（あるいは乾杯的に）少し飲んだ後は、料理と共に両方を楽しみながら皆で時間をかけて夕食をとるのが一般的になってきている。生活のゆとりとして、また健康の上からも大きな進歩であり、酒と共に夕食を楽しむ方向は益々加速されていくであろう。

ウイスキーは食前、食中、食後の酒としてまた寝酒としての広い機能をもっている。それはウイスキーに色いろのタイプがあって使い分けができることと飲み方が様ざまに工夫できるからである。食欲をかき立てるアペリティフとしてはオンザロックや水割り、いずれも結構である（私は夏を除き少量をストレートで飲ることにしている）。食中酒、いわゆる飲みながら食べる、あるいは食べながら飲む酒についてはそれこそ十人十色の意見や好みがあるだろうが、要は食べ物と酒の両方がおいしい、あるいはおいしさが倍加されるというのが相性の理想であろう。そして食中酒の場合、酒は食のバイプレイヤーである方が良いと私は思う。余り酒の強い香りや個性が前に出過ぎないことと、口の中をいつも新鮮にしてくれるキレの良さとが食中酒の大切な点であろう。

日本には豊かな自然と水があり、また四囲が海であって私達は様ざまな幸に恵まれている。この水文化ともいえる豊かな環境が、微妙な味わいを賞でる味覚文化を生み懐石料理をも完成させたのであろう。そしてこの味覚の伝統と匠の技が、西欧の酒であったウイスキーを見事に日本の味覚の中にとり込んで日本のウイスキーを育て上げたといっていい。従って「ジャパニーズウイスキー」は水を選び何よりも香りや味の調和を大切にし、豊かだが飛び出た香りがない。水割りにしても優しくそのハーモニーが保たれている。和食のもつ微妙な味わいと奥の深さを楽しむのに日本のウイスキーの水割りは本当に適している。スモーキーフレーバーの強いウイスキーや樽の香りの強過ぎるウイスキーは、水で割るとその香味が前面に浮き出て料理の微妙な味わいの邪魔をする。

食事の時の水割りの濃さは人好きずきであるが、濃過ぎると刺激が強くて料理の味を分からなくするし、薄過ぎるとウイスキーの伴奏の意味がなくなる。私の仲間が日本の夕食のメニュー相手に色いろと試したところ、ウイスキー対水の割合は1対2・5位が最適であった。料理によってまた人の好みによっても異なるが、この辺りを目安として加減して頂ければいいだろう。例えば冷奴、水炊き、魚チリのような淡白な料理にはやや濃い目の水割り、逆に味の濃い目の煮物、佃煮、鰻の蒲焼きには薄い目にして頂くというように。

ウイスキーの水割りに合う料理の幅は広い。醤油味の料理にはどれも合うし、酢の物には一番合う酒であると思う。天ぷらにも良く、脂っこい料理にはいつも口の中をよく洗って新鮮にしてくれる。正月料理の数の子、ゴマメ、叩きゴボウにも不思議なほどによく合う（ストレートでもいい位）し、すき焼きにも腹が重たくならずいつまでもおいしい。春の旬の筍料理や木の芽和え、田楽、鰹のタタキ等も水割りの度合を加減しておいしく頂ける。夏の枝豆、冷奴、鮎の塩焼き、はも料理等もよく冷やしたグラス、大き目の氷を使った水割りで涼しく味わえる。味覚の秋はもう何でもおいしい。真冬にはまたウイスキーのお湯割りがいい。お湯割りはまた別の香り立ちがし、口当たりが特別に柔らかくなる。湯豆腐や色いろの鍋料理にはやや熱い目、やや濃い目のお湯割りが良く体の芯から温まる心地がする。おでん、焼鳥、風呂吹き大根（蕪）等も真冬にはお湯割りの方がよく合い、食欲も精気もかき立てられるものである。

我が家の「ハレ」のウイスキー

地球の回転が年毎に速くなっていくような錯覚の中で、1年を早い想いで送るが、それでも私は諸事改まる気のする正月が、少年のように大好きである。特に元旦の早

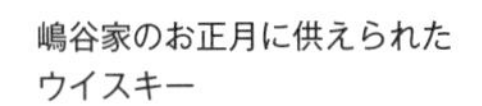

嶋谷家のお正月に供えられた
ウイスキー

朝は、特別に清々しい空気に包まれたような気持ちになって心が改まる。3年前にカナダに移住された友人ご夫妻から年賀状を頂いたが、それによるとやはり日本の正月の清新さは特別らしい。バンクーバー近郊にお住いだが、このシーズンは雨や雪が多いらしく「晴れ上った日本の正月のような生れ変ったほどの清々しい気分にはなれません。お正月の晴れやかな気分は日本独特のもので誠に伝統的、画期的且つ国民的な気分一新デイ（DAY）です」と日本の正月を懐かしみ礼讃されている。私達の同時代育ちの郷愁だけとはいえないだろう。

その日本人にとって、最大の「ハレ」の日である正月の酒について私流に考えてみたい。日本の、特に農村における伝統行事や酒に関する諸事は弥生時代以降、水稲耕作と密接に繋がっている。「御神酒あがらぬ神はない」といって献ずる祭りの神饌は、1つは神への豊作祈願であり、もう1つは神も酒が好きで共に盃をあげましょうという神と人とのコミュニケーション（それがまた集団の連帯感）の具なのである。正月を含む春の祭りは豊作と平穏祈願の予祝行事であったろう。また「ハレ」の日しか酒を飲めない昔の人にとって、祭りは清らかな信仰の日であると共に農作業を休み、肉体的・精神的労苦を癒す貴重な慰安の日であったに違いない。今も日本の農村の正月等の行事に遺っている多くの伝統や酒に関する諸事の基本精神はこの神事や祭りに発しているると思われる。

私は昭和1ケタに生まれ、戦中に少年時代を送ったので酒はそれほど豊かにはなかった。特に戦争末期にはほとんど手に入らない状態であったが、不思議にも正月には十分な酒（日本酒）が用意されていた。そして元日早朝の祝い酒は子供が酒を口にできる唯一の機会でもあった。朱色の漆の盃に少しだけ注がれた日本酒は妙に辛く、冷たく、それなのに喉や腹には熱く響き渡る心地がした。うまいかまずいかも分からないまま、ましてやもう1杯など許されず子供達は白味噌の雑煮とお節料理に移っていった。父は何杯も盃を重ねていた。祝いの後は真暗な夜道を初詣に向かったが、田圃の間の曲りくねった道に点々と提灯に明りだけが浮かぶように移動していたのを想い出す。両親は賽銭と同時に米も神殿に捧げていた。

それから10数年を経て父が早く亡くなり我が家は私の代になった。日本の社会環境が大変革したのと共に我が家の職業も、住む場所も、生活の様式も革命的といえるほどに変わった。しかし長く継承されてきた行事の中でも正月の風習は美風としてできるだけ継いでいきたいと努めてきた。元日の早起きは大分ずれてしまったが、しめ飾り、質素な白味噌の雑煮（男がつくる）とお椀、１００％家内の手づくりのお節料理と重箱、祝い酒用の漆塗りの三つ重ね盃、そして家族全員での初詣等を続けている。その中で大きく変わったものがある。それは神饌および祝い酒としての酒の内容である。我が家の正月酒はウイスキーが中心である。入社直後のワインを仕事としていた時代はワインが中心であった。酒の内容は変わったが「ハレ」の日に神に豊作を祈り、神と酔いを共有した昔の人と精神は少しも変わっていないと思っている。酒造りを職としてきた人間の信仰心である。

新年用に私は必ず新しい『インペリアル』を購入する。これを中心に飾り、祈りの後に『インペリアル』を開ける。息子達はもう独立したが彼らの幼い頃から正月の最初の1杯もウイスキーであった。元日早朝の冷たい空気の中で、旧い酒器に注がれた『インペリアル』のストレートは清浄な空気に相応しく凛とした緊張感がある。また25～30年という時の重みと熟成のハーモニーをしっかりと捉えることができる。同時にウイスキー育てに関わった先輩や仲間の労苦や喜びが嬉しくのしかかってくる。家内もウイスキーが大好きであるので、お互いにおいしさを賛え合いながらお節料理を頂く。叩きゴボウ、ゴマメ、数の子、焼魚等の伝統の正月料理は不思議なくらいウイスキーのストレートに合う。長年人びとに親しまれてきた日本の文化の味は、やはり日本のウイスキーにマッチするのであろう。スコッチがスコットランドの郷土料理ハギス※、肉類の燻製やキッパー※によく合うのと同じように。

祝いの後家族で初詣に出かけるが、そういえば私の幼い頃父は早朝の初詣に着物の上にインバネスというスコットランドの地名のついたコート（別名とんび）を羽織っていた。

瓶の中でもウイスキーは成長するか

3つの蒸溜所で長年仕事をした私は、ご来場のお客様から様ざまなご質問を受けてきた。「ウイスキーにいい水とは」「蒸溜釜は何故銅製なの」「貯蔵に今も樽を使っている理由」「ウイスキーのおいしい飲み方」「ウイスキーという言葉の語源」……等々。また「案内の女性の方は結婚なさっていますか」というお尋ねも結構多かった。最後の質問を除いては先の項で大体お答えできたように思うが、まだお答えしていない中

※ハギス…スコットランドの伝統料理で、ウイスキーとりわけモルトウイスキーに最も合うといわれている。羊の内臓を玉葱とミンチにしてそれにオートミール・牛脂を加え、香辛料と共に羊の胃袋に詰め、茹でて食べる。
※キッパー…燻製のにしん。スコットランドではよく食卓に上る。

で大変多かった質問、「瓶の中でもウイスキーはおいしくなっていくか」についてお話し申し上げたい。

「お歳暮でこんなウイスキーを頂いたが、どの位の値打ちがあり、いつ頃飲んだらいいのですか」とか「海外で何年か前に高いウイスキーを買って家に置いてあるが、どの位まで良くなるものでしょうか」といった類の質問を何十回と受けた。高価な品や想いのこもった物はいつまでも置いておきたい、タンスにしまっておきたい、あるいはよく見える棚に飾っておきたいという心理は誰にだってある。高価な物をすぐに消費してしまうのは「もったいない」と思う心は悪いことではない。またウイスキーは長く置くほど良くなる（熟成する）ということが世の中に普及していることはとても有難いことである。

しかしこと瓶詰されたウイスキーにとっては「もったいない」「置いておく」ということは余り良い習慣とはいえない。タンス預金には利子が付かないだけでなく盗難の心配もあるように、瓶の中のウイスキーには利子（プラスのおいしさ）が付かないし、また落として割れてしまう恐れもある。特にタンスに長く置かれた時には昇華性のナフタリン等があると、それがウイスキーに侵入して香りを台無しにしてしまうことや、コルクやカビの臭いが入りこむことが結構多い。前に述べたようにウイスキーは樽の中で長い年月を経て熟成し香りと味わいを深める。その熟成した樽の原酒をブレンダーが選びぬいて数十種類をブレンドする。そしてもう1度別の樽に入れて数ヵ月置き（後熟という）香味を整えてやっと製品になる。いわば瓶詰製品はもう一番おいしい状態に仕上がっているのである。

ウイスキーはビールや日本酒のような醸造酒に比べると瓶の中では品質はずっと安定的であり腐敗するということはない。しかし瓶の中で熟成しさらにおいしさを増していくということはなく、寧ろ徐々にだが香りが失われ芳醇さが減っていく。酒の中ではワインは例外的に瓶の中でも熟成が進行する。ワインはぶどうの収穫、醸造、貯蔵、瓶詰の過程で熱を加えられることがなく従って酵素の作用が長く続く。樽貯蔵の期間はウイスキーよりずっと短いがここでは酸化的な熟成が進み、瓶の中では還元的なフレーバーが増すといわれている。

ウイスキーの味わいの魅力は、栓を開けた時のあの軽やかな快い香りであり、鼻に優しい深い芳醇さであり、舌を打つデリケートな味の響き合いである。この香りと味のハーモニーはそんなに簡単にはこわれないが、瓶の中に長く置くと少しずつではあるが失われていく。特に軽い香りが飛び易いのは当然であり従って一旦栓が開けられた後は飛び方も早くなる。高低温、光、乾燥等はウイスキーを変質させる。そして高級なウイスキーほどそういった外の環境変化の影響を受け易い成分が多い。

私はウイスキーをどんどんと空けて欲しいといっているのではなく（それも有難いが）、最高のおいしい状態で味わって頂きたいと願っている。いいウイスキーをタンスにしまいこんだり棚に長年飾ったりして楽しみを秘かに独り占めするよりは、できるだけ早く中味の芳醇さ、おいしさを親しい人びとと分かち合うのが一番いい飲み方だろうと思っている。

蒸溜所で飲むウイスキー

ワイナリー見学後に試飲するぶどう品種や醸造年の違った色いろのワイン、ビール工場で飲むよく冷えた新鮮な生ビール、そしてウイスキー蒸溜所で味わういい水と熟成したウイスキー、これらはわくわくする期待をさらに上回るほどおいしい。その理由は現場のもつ迫力、案内によって深まる酒への知識と親愛感、そして早く飲みたいという渇望感といったものがお客様側にあるからだろう。一方サービスする側からは自慢の酒を最高の状態で提供したい、そして後々までファンになってもらいたいとまるで恋人にアプローチする想いで工夫をこらしている。おいしいのは当然であろう。酒を造る現場を訪れることは酒好きの方々にとってだけでなく、入門者やこれまで余り興味をもたなかった方々にも酒の持つ不易と流行性、あるいは世界的な拡がりのおもしろさを知って頂くことで開眼されることが多いのではないだろうか。

さてウイスキーの蒸溜所ではどんなサービスをしているのだろうか。昔は余り内部を見て頂くということはしなかったようだが、現在は日本でもスコットランドでも積極的に場内をご案内している。スコッチの100近い蒸溜所の3分の2以上は見学可能だしその半分はレセプションセンターをもっている。

私の場合は日本のウイスキー発祥の地である山崎蒸溜所と、丁度半世紀後に生まれた白州蒸溜所をご案内させて頂いた。水や自然環境の良さは当然のことであるが、両蒸溜所の背景や内容も違うので育っているウイスキーのタイプは大きく違い両所を比較するのもおもしろい。ご案内の進め方は前に説明したが要はできるだけウイスキーの心に触れて頂きたいということで現場の中まで入って頂いている。そして案内が進むにつれてウイスキーの芳醇な香りが深まるようになっている。最終の貯蔵庫で最高の感動を味わわれた後にゲストルームに導いて試飲となる。先ずは歓迎のウイスキーとして山崎蒸溜所では『ピュアモルト山崎』[※1]を、白州蒸溜所では『ピュアモルト白州』[※2]を水割りで用意している。これを手にしてお客様は席につく（酒の飲めない方には清涼飲料をお渡しする）。ゆっくり味わいながらピュアモルトの話を聴いて頂くが、先ほどの場内見学の直後なので現場の空気が今飲んでいるウイスキーに直結しおいしさを実感する。2杯目は何十種類もの熟成したモルトとグレインがブレンドされた芳醇とハーモニーの傑作である『響』等を味わってもらう。これはもうお客様の好みのスタイルで――ストレート、オンザロック、あるいは水割りで。

蒸溜所で飲むウイスキーは格別においしいと皆様がおっしゃる。現場を廻ってこられたためにウイスキーへの親愛の情が膨れ上がっている、いいウイスキーが出る、美しくて心配りの確かな女性がサービスしてくれるというところが大きいだろう。これに加えて、いや最も大切な要素だろうが使う水や氷の良さである。山崎のウイスキーに山崎の水（氷）、白州のウイスキーに白州の水（氷）、これはウイスキーを味わう上

※1現製品名は『シングルモルト山崎』
※2現製品名は『シングルモルト白州』

で最高のぜいたくな組み合わせである。スコットランドでも全く同じことがいわれている。そのウイスキーと水や氷は兄弟の間柄である。

この後お客様はそれぞれの好みのスタイルでお代わりをされほろ酔いにもなる。そしておいしい水割りのつくり方、オンザロックにいい氷、季節に応じた飲み方が紹介され、時にはウイスキーを使ったカクテルも披露される。この辺りからお客様との間にウイスキー談議が盛り上がり暫し至福の時間が流れる。大自然に囲まれたウイスキー蒸溜所の中で、お客様は忙しい日常から解放された快いひと時を過される。

「ウイスキーってこんなにおいしいものかと実感しました」「水割りも水やつくり方でこんなにも味が違うのですね」若い人達からは「高級なウイスキーを初めて味わわせて頂いて有難う」奥様方からは「今日の感激をよく伝えて主人とウイスキーを楽しみます」等々の嬉しい感想を帰り際に聞かせて頂く。

現場の見学はまさにSEEING IS BELIEVING. であり、試飲はDRINKING IS BELIEVING. である。まだウイスキー蒸溜所をご経験されていない方は是非一度訪ねられ、おいしい蒸溜所のウイスキーを味わって頂きたい。

蒸溜所見学客のご案内

山崎と白州の両蒸溜所へ年間に合わせて25〜30万人の見学のお客様がお見えになる。山崎は京都と大阪の間にあり交通至便の地なので気軽に電車でおいでになるお客様も多い。時にはＪＲの運転手や車掌さんで毎日前を走っているが、やっと途中下車して来ましたと喜色満面の顔に接することもあった。また遠方の仕事や旅行から大阪に帰られる時、車窓より山崎蒸溜所の姿を見つけて「ああ、やっと大阪だ」と安心するといって下さる方達も大変多かった。日本のウイスキーの故郷として今の地に根付いて70年余、多くの人達に親しまれ愛されていることを実感させられた。

白州蒸溜所は山梨と長野の県境近く南アルプス山麓に位置するのでほとんどが車やバスによる遠来のお客様である。ここを目的としてわざわざおいでになる方や、甲信方面への旅行のついでに立ち寄られる方々等様ざまであるが、やはり週末や連休ご利用の家族連れ、仲間連れが多い。都会の騒がしさや仕事の忙しさから解放されてゆったりした気分を自然の中で味わって頂ける格好の場所になっている。その日運転されないお客様は大自然の中で香り豊かなウイスキーと水のおいしさに改めて感じ入られる。

迎える側の私達は、貴重な時間を割いて私達のウイスキーを見てやろうというお客様にどう満足して頂こうかと常々考えを新たにしたものである。工場見学をやり始めた歴史では日本で一番早い部類に入るであろうがそれだけにご案内の方法について改善を重ねてきた。白州蒸溜所を建設した昭和40年代は、お客様には高い位置から眺めて頂き広く現場の全体像が見えるようにしながら説明できるようにした。広い見学用の廊下、現場と隔てた窓ガラス、説明展示物とマイクが案内設備の大要であり、今もほとんどの工場の案内設備のパターンでもある。しかし果たしてこれでお客様に伝えたいウイスキーの心（ウイスキーを生み育てている私達の技と愛情）が伝わるのだろうか。10数年前の山崎蒸溜所の改修時に私達はご案内のやり方を大きく変更した。「ウイスキーの現場の空気をじかにお客様に感じて頂く」の主旨で、見学は斜め上から見下ろすのではなく現場と同じフロアーとし、仕込釜、木桶の発酵槽、銅の蒸溜釜、貯蔵庫内の樽についてはすぐ側で見て頂くことにした。現場の温度や湯気を肌に感じ、麦汁の甘い香りと味、発酵の泡と果物のような新鮮な香り、蒸溜室の熱さとウイスキー誕生の強烈な香り、そして貯蔵庫内に並ぶ樽の佇いと熟成したウイスキーの芳香をお客様の五感で味わって頂くこととした。そして案内人とだけでなくそこに働く現

サントリー山崎蒸溜所での見学風景

場の人間との対話も可能にした。

ご案内は事前の受け付けからお送りまでの仕事があり一切の采配は蒸溜所の事務長が行っているが、実際の現場での案内や試飲の手伝いはサントリーパブリシティガール（当時）※と呼ばれる美人のお嬢さん達が心をこめて行っている。私達が直接ご案内する場合でも彼女達が説明し先導する方がお客様に喜ばれるので私達は後からお伴をするようにしていた。最後の楽しい試飲の場では一層彼女達は忙しくなる。

白州と山崎蒸溜所で私は10年以上工場長をやっていたのでその間お受けしたお客様は１００万人を超えるだろうし、私が直接ご挨拶やご案内申し上げた方達の数も相当なものになる。小学校の幼い頃の同窓生や淡い恋心を抱いた高校時代の友人達から皇室の宮様に至る広い範囲の、また個人的な少人数から経済界、文化人、ロータリークラブ等の大きなグループまでのお客様に千回を超える挨拶をさせて頂いた。工場長になりたての白州時代、大勢のお客様の前での挨拶は本当に緊張した。懸命に原稿をつくって練習を重ねた。慣れるに従い要点だけのメモ書きに変わり、次第にお客様の反応や興味を探りながら話をすることができるようになったが、研究所という現場と離れた所に長くいた私にとってお客様への直接の対話は１つの大きな財産となった。

※現在の名称はサントリーパブリシティサービス

お客様を送り出した後の私達にとって快い余韻を感じる場合が多い。有難いお客様とはやはり私達の挨拶や案内に耳を傾けて下さる方であり、現場に興味を示しその方なりの新しい発見をして頂く場合である。これまでの疑問が解けたりまた新しい疑問が出てきたりして、ここで私達とウイスキーの本質やおいしさについて会話がはずむ。「これからウイスキーをもっと味わって飲みます」こんなことを最後にいって頂くために私の仲間達は今日も懸命にご案内を続けているのである。

北欧の研修チーム

日本の蒸溜所にも海外から多数のお客様がお見えになる。アメリカ元大統領や各国大使という特例もあるが、一番多いのは直接の仕事絡みを除けば日本企業への視察団や留学生の研修チームである。以前はアメリカ、ヨーロッパ、アジアの自由主義諸国がほとんどで共産圏からのお客様は極めて稀であったが、今日ではその壁もなくなり、それこそ全世界からおいでになって、日本のウイスキーの香りと味の良さを満喫して帰られる。

　海外からのお客様は、まず二度とお会いできない一期一会の縁ということになるが、そうでない珍しいご縁の方もいらっしゃる。北欧はスウェーデン人、アンナ・シャーリンさん（Mrs. ANNA SCHALIN）である。ストックホルムで企業経営コンサルタント「KAIZEN」をやっておられ、2〜3年毎にスウェーデン、ノルウェー、フィンランド、デンマークの企業幹部10数人を引き連れて日本に来られる。彼女の研修チームは関東から中部、関西の有力企業（工場）の各所を廻られるのだが、コースの最後は決まってサントリーの山崎蒸溜所となっている。彼女は30数年前の独身時代日本に滞在しておられ、テレビにも出ておられたので日本語も極めて流暢である。遠くから私を見つけると大きな声で「シマタニサーン」と手を振ってくれた愛想のいい賢夫人である。4年前に来られた時は大学生の美しいお嬢様もご一緒だった。

　山崎蒸溜所ご来場の目的は2つあり、1つは私達の蒸溜所経営、特にTQC※の展開を学び互いに議論することであり、もう1つは日本のウイスキーのおいしさを十分に満喫し研修チームの日本での打ち上げをやることである。最初の目的の方は、先ず私が蒸溜所経営の目標と年度計画づくりのプロセスおよび全員の共有化について話をし、

※Total Quality Control
全社的品質管理あるいは統合的品質管理製造業において製造工程のみならずあらゆる部門を通じて、商品開発、原料、営業、物流、マーケティング、宣伝各部門が連携し商品の品質管理に取り組むこと

次に技師長が年度計画実行の進捗管理について説明するが、チームの皆様が熱心にメモをとり、また質問もされる。この討議に続いて現場のQCサークル代表が発表をする。これが研修チームに大変人気がある。例えば山崎蒸溜所の瓶詰グループには3つのQCサークルがあり、全員が女性でそれぞれ活発なサークル活動を行っている。サークルが上司を動かし、蒸溜所を動かして作業を改善し、数々の品質・コストの改善効果を生み出してきた。これをサークルリーダーがOHPを使って研修チームの人達に語りかける（通訳を通して）のであるが、よく理解され現場の女性のもつパワーに大変感心され、質問攻め写真攻めとなる。彼女達も蒸溜所の真価のPRに実に大きな役割を果たしているのである。

これらを終えて現場の見学となる。北欧にはウイスキー蒸溜所がないためか、仕込、酵母培養、木桶発酵、蒸溜と進むにつれ穀物の形や香りが酒にそして強烈な香りのウイスキーに次第に変化する過程に全員がじっくり眼と耳を傾けられる。そして貯蔵庫の芳醇な香りの中で深呼吸され喜ばれる。瓶詰では先ほどのQCサークルの発表が甦る。現場の見学にもたっぷりと時間がかけられ、最後の楽しみの時間が気にかかる。

最後はゲストルームでの試飲とサヨナラパーティである。2週間近い企業訪問もこれで終わり、明日か明後日帰国ということで皆さんがホッとされる時間がやってきた感じである。私が研修を労い「私達のウイスキーを十分にお楽しみ下さい」といえば、シャーリンさんは誠意とサントリーの素晴らしさを皆に大いにＰＲして下さりスコール（北欧流の乾杯）となる。『響』『山崎』『ローヤル』等を丹念に唎酒する方、ストレートでぐいぐい飲まれる方、顔を赤らめながら水割りを嗜まれる方等様ざまであるが、どの顔にも研修を終えた安らぎとやっともてた寛ろぎの時間に充足感が見られ、心を尽くして応待した私達もやり甲斐を味わう。ウイスキーを味わいながら日本のウイスキー談議がはずむ。また北欧の酒についての質問が私達の方から出て、しばし人間社会における酒の効用が全体を支配する幸福な時間となる。

本当のフェアウェルの時がやってくる。名残り惜しさが皆様に漂っている。１人ひとりからお礼の言葉を頂く。最後にアンナ・シャーリンさんが「私達は今日のお礼の気持ちに日本を離れる時沢山のサントリーウイスキーを買って帰ります。帰国してここを思い出して飲み、また故国の人達にこの素晴らしさを伝えます」といって下さった。北欧の美女にお会いできる又の日の近いことを願っている。

女流作家からのお礼状

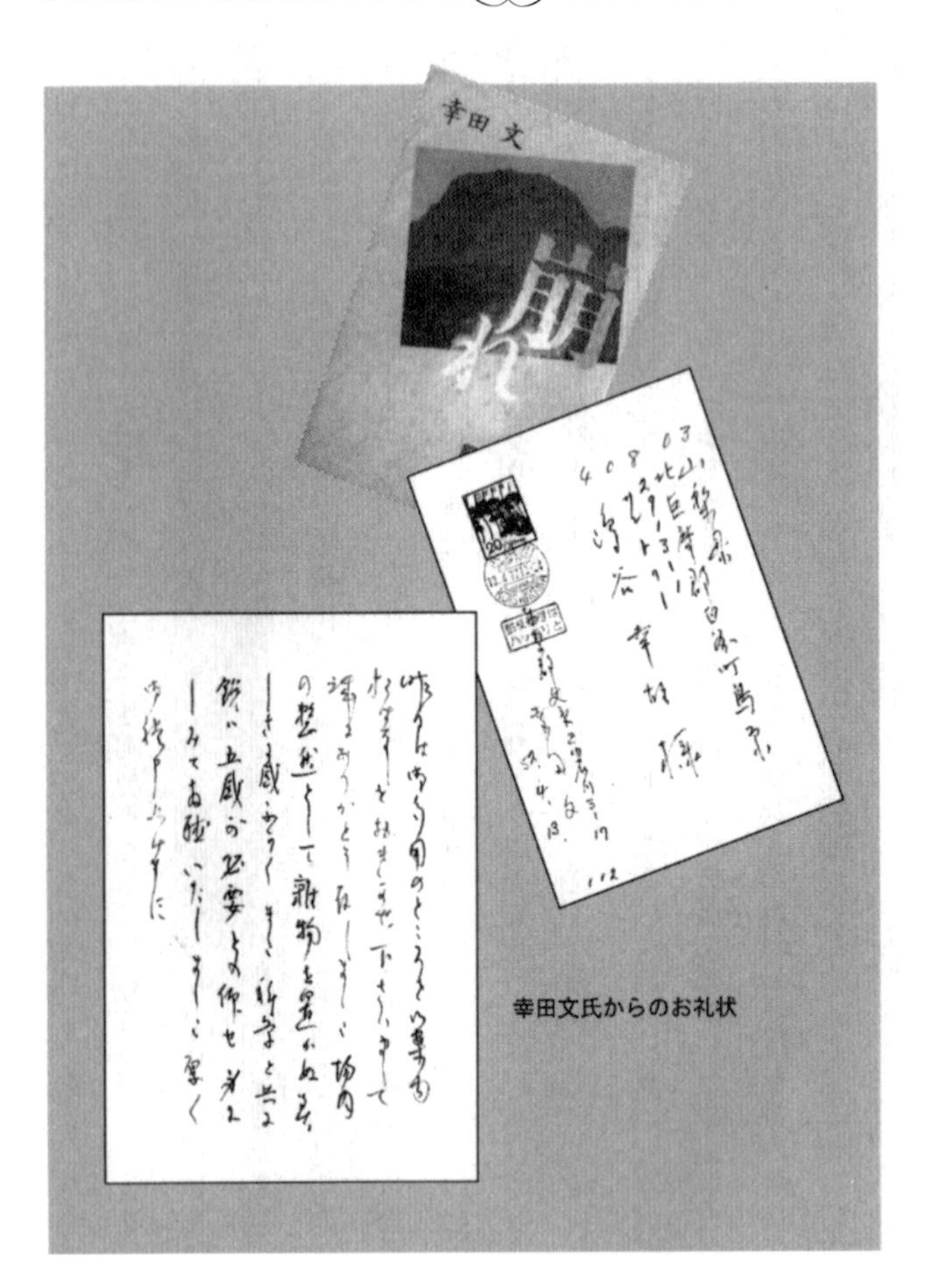

幸田文氏からのお礼状

私には大切にしている1通の葉書がある。平成2年10月に亡くなられた女流作家の幸田文氏から私宛の白州蒸溜所見学のお礼状である。

ご来場になったのは昭和52年（1977年）4月10日頃だからもう20年も昔になる。白州は海抜600m位あるので、まだ桜の開花には2〜3週間も早い寒さの残る季節であったが、当時の白州蒸溜所は昭和48年の稼働開始後さらに2倍に増設し、その竣工式直前の活気溢れた時期であった。

幸田文氏はずっと以前から予約されていたというのではなく、割合突然においでになったように記憶しており、私も余り心の準備ができていなかった。平成7年に出版された『新潮文学アルバム　幸田文』の中に、昭和52年4月12日「山梨で椿を見る」という写真があることから、この頃山梨に滞在しておられたらしい。おいでになられた時はやはり和服だった。詳細な色や柄は思い出せないが、きりっとした着こなしに気品の漂う凛としたお姿が強く印象に残っている。もう72歳になっておられたそうだが、覇気のあるお顔で丁重な訪問のご挨拶を頂いた。

挨拶の後、日本のウイスキーについて、そして白州の蒸溜所について私の考

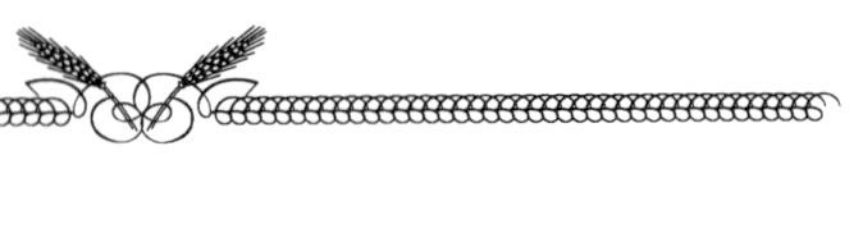

えを申し上げ、また概況をお話して現場をご案内した。その頃私は幸田氏の作品を余り読んでいなかったし、当時氏がどのような活動をしておられるかについても、よく認識していなかったのは思い返すととても残念である。ご案内の途中、実に多くのご質問を頂き、ひとつひとつご説明申し上げた。そして高名な作家にしては何と謙虚で礼儀の備わったお方だと唯々感心したが、やはり丁重なお礼の言葉を残して蒸溜所を去られた。そして間もなく直筆のお礼状を頂いた。

「昨日は御多用のところを御案内　御はなしをおきかせ下さいまして誠にありがとう存じました　場内の整然として雑物を置かぬ美しさに感ふかくしました科学とともに鋭い五感が必要との仰せ　身にしみて拝聴いたしました厚くお禮申し上げます」

ウイスキーに身を投じてまだ10年余の未熟な私がどんなことを申し上げたかは今ではよく思い出せないが、単なる工程の説明というよりウイスキーを生み育てる環境と人間の取り組みを心をこめて説明申し上げたと思う。幸田氏の柔らかくて広い心と鋭い眼に触れた白州蒸溜所は、氏の短い文章の中にきりりと収められている。

以後幸田文氏の作品に接することも多くなったが、最近は全集や文学アルバムも出版され当時のことが私なりに理解できるようになった。晩年は「見てある記の人」といわれるように、溢れる好奇心をもって行動し取材と連載を続けられた。白州蒸溜所においでになられた頃は既に70歳を超えておられたが、有名なエッセー『崩れ』を連載されていた。強い好奇心、行動意欲に敵対する老いによる身体の衰えに悩み苦笑しながら、富士の大沢崩れ、安倍川上流、松之山、鳶などの大きな山崩の現地に、文字通り躯を運んで見ておられる。

「因果なことである。なぜこんな年齢になってから、こういう体力のいるところへ心惹かれたのか、因果というほかない。人は老いれば、心おだやかに身を休めて暮らすのが常識だ。それを私の場合は、逆になってしまった。樹木も崩壊も、呼べば来てくれるというものじゃない、どうあろうとこちらから出ていかなくては、逢えない代物なのだ。」（『崩れ』より）。この『崩れ』の数年前の60歳代後半から『木』を発表されており、この取材には北海道の富良野にえぞ松を、屋久島に杉の巨木を等、各地の山林に分け入って木を見つめ、触れ、

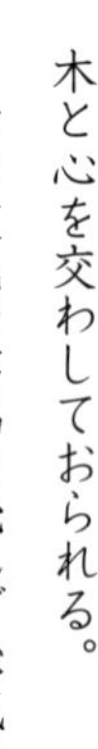

木と心を交わしておられる。

幸田文氏の作品を読んで心底感心するのは、年齢と身体の衰えを自覚しながらも湧き出す好奇心と行動意欲のすごさであり、もうひとつは先達への深い尊敬心である。氏の場合は「質問する」のではなく「教えを乞う」のである。白州蒸溜所においでになった時も本当によく耳を傾けられた。案内人の説明を素直に聴き、じっくりと受け止め、味わい、感動される。そして対象を自身の心の眼、心の耳で感じられ、その感情を実にきめ細かく描かれる。こんな奥深い方を迎えるのには私は若過ぎた。そして無知であった。一枚の葉書に託された短いが心からのお礼状を今取り出してみて、もう一度ご案内しウイスキーの心をお伝えしたい気持ちで一杯である。

第5章

理想のウイスキー造りを目指して

戦時下のウイスキー造り

最近私は山崎蒸溜所に遺されているウイスキー育成の旧い記録を調べ、いくつかの興味ある事実を見つけている。昭和12年（１９３７年）は日華事変勃発の年であるが、この年サントリーウイスキー12年もの『角瓶』が発売された。ウイスキー創業14年にしてやっと日本のウイスキーとしてテイクオフしたようである。それまでは造る方も売る方もそれこそ苦しみもがき、それでもウイスキーの本道を歩み続け、漸くにして得た『角瓶』であった。山崎蒸溜所の出荷記録を見ると昭和7～9年頃は年間庫出量が５００～６００石（90～１１０kℓ）であったものが14年頃は倍になり、さらに15年は3倍、18～19年には7～8倍と著しい伸び方をしている。

この間日本は日華事変から太平洋戦争へと戦線を拡げ、国内も戦時体制が強化されて経済統制、言論統制等が厳しくなっていったのである。しかしこの時代のウイスキー造りの記録を見ると昭和15年に本格的なグレインウイスキーの製造が開始されている。当時の当局への申請書（グレインウイスキーの酒税法上の分類について）には次のように書かれている。「純正スコッチウイスキーは麦芽を原料としてポットスチ

昭和初期のサントリー山崎蒸溜所。中央に麦芽乾燥塔が見える

ル法により蒸溜したる溜出液を長期間楢材の樽に貯蔵したるものに別に麦芽又は穀物を原料としてパテントスチル法により蒸溜したる溜出液を適宜配合して製造したるものにて弊社のサントリーウイスキーも厳格にその製法に従ひ即ち山崎工場製のポットスチルウイスキーに大阪工場製のパテントスチルウイスキーを配合して製造致居候……」。この時代にモルトとグレインの造りおよびブレンドの本質を掌握し実施していたことが窺える。

さらに昭和18年の記録を見るとウイスキー貯蔵用のシェリー樽を自家調達するため本格シェリー酒の醸造を申請している。戦争が苛烈を極め世の中は戦時一色となり敵性の英語も禁止、野球用語も「セーフ」は「よし」、「アウト」は「だめ」というような時代にウイスキー樽に使うスペイン特産のシェリー酒を自家生産したいという当局への大胆な申請書である。ウイスキーの本格的な品質と国産化にこだわり続けた例として特筆に値するだろう。申請文を抜粋すると「弊社製造のサントリーウイスキーは困苦二十有余年にして漸く今日の地歩を獲得……。惟うにウイスキー醸造に当りて貯蔵は全作業中最も重要なる工程にてこれを経るに非ざれば醇良なるウイスキーを得ること不可能に有之従ってセリー酒を貯蔵したる樽がウイスキー熟成用として不可欠のものたるは公知の事実に有之候。……創業当時はスペインよりセリー酒を輸入しその空樽を利用……国産品の建前より自製を十数年前より研究遂に舶来品を凌駕する優良セリー酒の製造に成功し……」と述べており、次に具体的な製造法を示している。即ちぶどう品種、1次発酵後の樽詰、ブランデーとアルコールの混和、ぶどう糖の添加後、苦心研究の結果分離した特殊酵母による2次、3次発酵と熟成を経て目標のシェリー酒を得ると述べている。

戦争と酒は古より切れない間柄にあるが、中でもウイスキーは過去、男の酒ということで軍人には必須のものであったようである。特に太平洋戦争は南方での戦いが多かったためウイスキーは腐敗しない酒として陸海軍から強い指名があった。昭和17年大阪の茨木税務署長への増産申請書が遺っているが「輓近ウイスキーの需要は逐次増加の傾向を辿る一方事変勃発後は腐敗せざる酒類として陸海軍より御下命賜り居り候へ共納入量は未だその半数に及び不申洵に慚愧の至りに存居候……特に大東亜戦争開始と共に従来南方の市場を独占し居りたる英国品を駆逐するに及び需要増加の傾向は……殊にウイスキーが戦場における夏期飲料として不可欠のものたるは公知の事実に有之且軍当局も腐敗せざるウイスキーの本質を夙に熟知せられ弊社に納入を命ぜられ……」と述べられており、一般市場の好調に軍の需要が加算されていたことが分かる。特に海軍はイギリス式訓練や生活が定着していてウイスキーの需要が高く、昭和18年には海軍専用の「イカリ印」サントリーウイスキーが納入されている。

本格ウイスキーを育てるため種々の事業や工場まで手放す苦しみをなめながらも、あくまで品質にこだわり続け本筋を失わなかった先輩達の努力が『角瓶』を生み、これが起点となって需要が伸び始めた。さらに軍の需要が一層の増産とウイスキーへの親愛感の拡大に繋がったのである。山崎では空襲からウイスキーを守るため樽を地中に埋めたという。これらの苦労が天に通じたのか山崎蒸溜所は戦災を免れ、貯蔵樽は100％戦後に持ち越されて新しいウイスキーの時代を拓く鍵となったのである。

森の中に工場　新しい蒸溜所の建設

駿河湾に注ぎ込む富士川はさかのぼると甲府盆地では釜無川となり、その源は南アルプスである。その南アルプスの山麓、長野県との境に山梨県白州町鳥原があり地元の人達はここを白砂青松の地と呼ぶ。白州の名が示す通り全体が花崗岩層に覆われ清冽な水が南アルプスより釜無川に流れこんでいる。甲斐駒ヶ岳を背にし前面に広大な八ヶ岳の裾野が拡がる景観の地でもある。

ここに私達が新しいモルトウイスキー蒸溜所――サントリー白州蒸溜所――を建設したのは20年以上も前である。京都近郊の山崎に日本初のウイスキー蒸溜所が建設されてから丁度半世紀が経っていた。戦前の苦しくて長い時代から戦後の日本のウイスキーの開花と伸長を支えてきた山崎蒸溜所に、50年を経て漸く次代を共に支えていく2代目が造られることになった。その場所選びは前に述べた水と自然環境を中心に様ざまのテストを繰り返し多くの候補の中からこの白州の地が選ばれた。

全体が広大な山林であり南アルプスに向かってなだらかな勾配をもつ斜面で大きな岩の点在する地形である。初めて私がそこに立ったのは昭和46年だったと思うが、正直な所こんな山の中に蒸溜所が建てられるのかと大きな不安がよぎったのは確かである。同時に中を流れる水の清らかさと音に心を奪われたこともよく覚えている。

幸い地元白州町の人達の理解と応援が得られ20数万坪という蒸溜所としては世界でも珍しいほど広い敷地を確保することができたし、山梨県の主唱するグリーンプラン、一村一工場計画にも極めて適合した工場であるとして県からも高い評価と支援を頂いた。

さてここにどんな蒸溜所を造ったらいいのか。今後の消費の多様化に備えモルト原酒を一層豊かにする必要があり、このために白州モルトは山崎と明確に違った性格にしなくてはならない。また海外とのコスト競争にも十分に耐えられるものにしなくてはならない。これらの課題に建設プロジェクトに入った10数人のメンバーは山の中の不便な仮小屋で懸命に仕事をしたのはいうまでもない。

白州蒸溜所の建設にはもう1つ大きい課題があった。このかけがえのない大自然の中に蒸溜所をどう調和させるかということである。これまでの工場建設といえば建設し易さと稼動後の機能、効率を最優先に進めるのが当たり前であった。しかしモルトウイスキーは水、大麦、発酵に関わる微生物たち、樽そして貯蔵の環境、どれをとっても自然の恵みを一杯に受けている。自然と一体になってこそいいウイスキーが生まれ育っていく。『よし、この蒸溜所は何よりも自然環境との調和、生物との共生を第一にしよう』と考えた。

見渡す限りの森林の中で蒸溜所に必要なかなりの建物が林の中にすっぽり包まれてしまうようにした。できるだけ大きな建物は避け、分散させるように心がけ、特に多くの建物が必要となる貯蔵庫群は間に十分な樹林を残すため100m間隔にした。工事を進めるに当たって1本の樹を伐るのにも許可を必要とする厳しい規制を行った。やり辛かったであろう建築屋さん達もよく協力してくれた。入口までのアプローチおよび場内道路も直線ではなくS字形にして機能的な印象を和らげている。

さらに、大切な自然と我々のよき隣人である森の小動物を守るために、特に一番早く犠牲になる野鳥類の棲息を環境保護の指標とした。日本鳥類保護連盟の綿密なご指導を受け、鳥の棲み易い環境づくりをすると共に、附近一帯を鳥獣保護区に指定してもらった。また敷地の一部2万坪余りを今後も建物を造らない野鳥の聖域とした。ここは「鳥原」の地名が示すようにヤマセミ、カッコウ、キジ、コゲラ、シジュウカラ等60種もの野鳥が棲息している。

森林の中の工場建設の試みは恐らく日本では初めて、海外でも珍しいであろう。その後、ウイスキー博物館も創設され現在30万人近いお客様が毎年おいでになり、おいしいウイスキーと大自然を味わっておられる。先住民族である多くの生物達と香り豊かなウイスキー蒸溜所との共存共栄が私達の願いであり、20年以上も前のこの試みを私は秘かに誇りに思っている。

起工式当日、白州蒸溜所建設地に立つ関係者（筆者＝左から４人目）

南アルプス・甲斐駒ケ岳のふもとにある白州蒸溜所

新蒸溜所の稼働　最初のウイスキー

ある年の11月22日、私は紅葉の木曽路をＪＲ中央線で白州蒸溜所へ向かっていた。稼働後20年余、この蒸溜所の建設と操業に関わった方々への感謝の会――現従業員全員による手づくりの「白州蒸溜所20周年　感謝とふれあいの集い」に参加するためである。苦労したことへの思いよりも苦楽を共にした多くの仲間に会える喜びで胸が膨らんでいた。

白州蒸溜所の稼働開始は、２年近い建設期間を経て昭和48年（１９７３年）の2月3日であった。白州の2月はとても寒くマイナス13℃にもなる。小川を流れる水は岩に砕け枯れ草につくや否や氷の玉となる。ホースからこぼれた水は地面に落ちて直ちに凍り、周辺は仏の頭（螺髪）のようになる。土は霜柱で10～20㎝ももち上がる。直径30㎝もの金属バルブが氷で破裂する。関西育ちの私には驚くばかりの寒さであった。こんな寒い日の朝、サントリー佐治敬三社長（当時）のスイッチオンによって酒母の仕込のための作業が始まった。正式の竣工式は気候のいい5月に予定していたためご来賓のお客様は少なかったが、それでも山梨県知事、白州町長、税務署長等がお目見えになっていた。また稼働後にお客様をご案内するお嬢様達は和服の晴れ着姿であった。

麦芽の精選機、秤量機が動き、粉砕機のロールが回転し始めた。建設に参加したメンバーの最も緊張した一瞬である。やがて粉砕された麦芽が仕込槽に「ザーッ」という音をたてて入りこんできた。この時は喜びというよりもっと緊張感のある熱気が体の中を走り抜けたのを忘れることができない。この後、佐治社長から全員に労いとこれからへの期待の言葉を頂いた。

酒母の培養が経過して本仕込が始まった。これからが本番で毎日24時間6仕込のペースとなる。しかし麦汁を取る仕込の作業は自然濾過方式※なのでなかなか時間通りに進まなかった。きれいな麦汁を取らないと香り豊かなウイスキーにならないし、清澄にしようとすると時間がかかり過ぎ、最初は現場に張りついて苦労した。発酵は極めて順調で多くの発酵槽が醪で満たされるに従い快い香りが部屋に充満していった。蒸やはり私達の最も気になるのは蒸溜で出てくる最初のニューウイスキーである。蒸溜は3日間の発酵が終わって4日目から始まった。

醪が真新しい銅釜に入れられる。蒸気が入る。のぞき窓から中を見つめる。釜が次

※自然濾過方式…モルトウイスキーの仕込は糖化兼濾過槽を使い、温水と粉砕麦芽が混合された後、麦芽の殻皮を濾過槽としてゆっくりと自然濾過して清澄な麦汁をとる。

第に熱くなってくる。液の表面の泡が大きく膨れ上がる。待ち焦がれる。数十分して沸騰が始まる。漸くにして最初の液がにじり出てくる。強烈な刺激香をもって。手に受ける。拝むようにして香りをかぐ――この時のために私達は全員の力を結集してきたのだ。次第にウイスキーの香りが蒸溜室に広がっていく。

ウイスキーの蒸溜は2回行われる。1回目は初溜といい、醪の約3分の1を取ってアルコール度は20％程度である。これを再溜釜に入れて2回目の蒸溜を行う。この再溜で最も香味のいい区分（中溜または本溜）だけを取ってウイスキーとする。私達は最初の再溜時もつきっきりで流れ出るウイスキーの香りを嗅いていた。ウイスキーの再溜は安定する香味になるまで少なくとも10数回の繰り返しが必要であるが、それでも最初のウイスキーは私達にとってはかけがえのない全員の生命力の塊のようなものであった。皆でこのウイスキーを緊張と感激をもって官能テストしたことはいうまでもない。

蒸溜の翌日は初めての樽詰である。樽詰機も私達が機械メーカーと共同開発した日本最初のもので、空樽の重量測定、樽穴探し、ウイスキーの充填、栓打ち、充填後の重量測定、樽番号の印字、記録が一巡する間に自動的に行われるという画期的なものであった。この作業は水で十分テスト済みであったのでスムーズに進行した。ウイスキーの詰まった最初の樽、これがコンベアーに乗って私達に近づいてくる。恰も体一杯に喜びを表わしているように私達には見える。最初の1丁、2丁、3丁の樽を横に取った。そして建設に関わった全員がそれぞれの名前をサインした。この樽達は白州No.1貯蔵庫の奥深くに貯蔵された。あれから20年余、その樽のウイスキーは白州の四季の移ろいを感じながら今も森の空気を吸い続けていることだろう。白州の最初のウイスキーはいつ樽から開けられて日の目を見るか、そして誰に最初に飲まれるのか、彼自身も知らないし私も知らない。

山崎蒸溜所の改修

今、日本の高級ウイスキーが静かなブームを起こしている。価格破壊の時代といわれる中で本当に価値あるものが評価され、それが静かに確実にファンを増やしている。ウイスキーの価値とは当然その香味の素晴らしさにあるが、さらに製品全体のもつ気品であり、お客様のもたれる満足感であろう。『ピュアモルト山崎』[※1]や『響』は1996年度は前年比約2割増の売上げを示した。長期熟成の円熟したモルトの力強い味わいや、芳醇なハーモニーといったウイスキー本来のおいしさが分かる大人感覚が確実に増えている証拠であろう。

その日本のウイスキーの将来のために、より蒸溜所の個性と円熟さを増したモルトウイスキーや、より芳醇で味わい深いブレンデッドウイスキーを育てていこうと私達は10年以上前に山崎蒸溜所の全面的な改修を計画した。山崎蒸溜所は1923年に建設されたので10年前で60数年を経ており、戦前・戦中・戦後の日本のウイスキー造りの歴史を背負い、また世界に向かって日本のウイスキーの真価を問い続けてきたのである。当然この間何度かの改修が重ねられてきたが、私達が責任をもって取り組んだその時の改修は仕込から蒸溜までのほぼ全面的な規模のもので、伝統の継承と創造の両面をもっていた。狙いは21世紀に向けてモルトウイスキーの多様化と熟成年数の増によるピュアモルト[※2]とブレンデッドウイスキーの香味の豊かさと魅力の一層の向上である。

このために私達は仕込、酵母培養、発酵、蒸溜のそれぞれの工程を改修した。仕込

※1現製品名は『シングルモルト山崎』

※2ピュアモルト…大麦麦芽のみを原料としたモルトウイスキーだけを混和したウイスキー製品。グレインウイスキーを含むブレンデッドウイスキーに比べて個性的で重い。シングルモルトもピュアモルトに入るが、単一蒸溜所のピュアモルトをいう。

槽は大と小を備えてきめ細かな対応ができるようにし、酵母は複数使用と培養方法に変化の幅をもたせた。酒の成分をリッチにつくり出す発酵は木製とステンレス製、そして容量や底面の形を変えた3種類の槽を用意して発酵状態を変えられるように工夫した。特に木桶はアメリカのダグラスファー材を輸入し、社内の樽職人が組み立てた。蒸溜もウイスキーの品質を大きく左右するものであるが、旧の12基の中6基をそのまま使用し、6基を新設した。釜上部のカブト部の形状を変え、また加熱方式も直火と間接加熱とを併用した。

これらの仕込から蒸溜までの変化の組み合わせで生まれるモルトウイスキーのタイプは、それまでよりかなり増やすことができた。蒸溜以後の樽詰は従来と変わらず4種の容量の違う樽を使って行われている。スコッチの蒸溜所は原則としてひとつの蒸溜所から1種のモルトウイスキーを造っているので複数モルトを造る私達の蒸溜所とは大きな違いがある。

この蒸溜所改修にはもうひとつの狙いがあった。環境の美化と見学ルートの見直しである。山崎の地域は歴史と天王山の緑や自然の良水に今も恵まれているが、蒸溜所内は規模の拡大で美しさが少し失われていた。私達はこの改修を機会に蒸溜所に「緑

天王山麓のサントリー山崎蒸溜所

と水」を蘇らせた。そしてウイスキー誕生の現場をお客様の手の届く所に、心に触れる所にもってきた。

奥の貯蔵庫を出た竹藪の下に清らかな水を湛えた池を造り、その2方に竹垣（建仁寺垣と銀閣寺垣）を配した。蒸溜所前面の広いアプローチには一切の柵を取り払い、楢・欅（けやき）・楠等の大きな樹と野草を植え水の流れを造った。今その樹々はさらに大樹に成長し林の様相を呈してきている。

蒸溜所内のご案内ルートは従来のガラス越しに上から眺めて頂くやり方を根本的に変え、現場そのものの中を歩いて頂くようにした。仕込釜の中をのぞき麦汁の熱や味を経験し、木桶の中に湧き起こる発酵の泡と酵母を含んだ醪を味わい、蒸溜室では熱気の中に漂うニューウイスキーの強烈な香りを感じて頂いている。また貯蔵庫も広く開放してモルトウイスキーの樽だけでなく、グレインウイスキーやブレンド後の再貯蔵（後熟）樽にも触れて頂けるようにした。これらの見学ルートの改善によって一巡されたお客様は本当にウイスキー誕生の芯に触れた心地になられると思う。

その後も、山崎蒸溜所はお客様歓迎のゲストルームを全面改築し、より多くの人びとをお迎えできるようにした。日本のウイスキー造りの原点であり、21世紀に向かって一層品質を磨いている山崎蒸溜所に、より多くのお客様がおいでになることを願っている。

ウイスキー造り私の4原則

ウイスキーの育成に直接関わって30年以上になるが、いいウイスキー――芳醇にしてハーモニーのある香味――を育てるのに私なりの4原則をもっている。説明を後回しにしていうと①CLEAN WORT（きれいな麦汁）②RICH FERMENTATION（豊かな発酵）③FINE DISTILLATION（選びぬく蒸溜）④DEEP MATURATION（奥深い熟成）である。この表現は全くの自己流なので英語も間違っているかも知れないが、ウイスキー生み育ての鉄則と思っている。

それらの意味を簡単に説明させて頂くと、①CLEAN WORTとは粉砕された麦芽といい水（温水）が混じり合った後に取り出す甘い麦汁がきれいでなければならないということである。清澄でない麦汁からは香りの乏しいウイスキーしか生まれない。これは主として果物のような香りの素であるエステル類や脂肪酸類の不足に由来している。②のRICH FERMENTATIONとは発酵の段階でできるだけ香りと味の成分を豊富につくっておかなければならないということである。発酵はどんな酒でもその骨格をつくる重要な工程であり、ここが貧弱であれば豊かな香味は生み出せない。酵母の種類や添加量、発酵の温度変化と経過時間、主発酵後の乳酸菌の増殖と酵母の死滅等によって生まれる香味等について色いろの方策が考えられる。③のFINE DISTILLATIONは発酵でできた豊かな成分からウイスキーに必要なものだけを選びぬくということである。何でも全部取り出せばいいというものではない。そのために銅釜で合計で14～15時間という長い時間をかけて2回蒸溜するのであり、切り替えのタイミングにも厳しい眼を向けている。さらに蒸溜中に新たにできる魅力的な香りと釜の構造や蒸溜法との関係についても細かい配慮が必要である。最後の④DEEP MATURATIONは樽にニューウイスキーを入れてからの貯蔵についていい環境で急がず慌てず辛抱強く育て上げるということである。ウイスキーは「時（年月）を飲むもの」とブレンダーのK君がいっているように香りと味わいの深さは、蒸溜までにできた多くの成分が恵まれた環境の中で樽と極めてゆっくり作用し合ってできるものである。ウイスキーの、鼻や舌だけでなく全身を捉えるような魅力は樽の中での「奥深い熟成」以外のなにものでもない。

21世紀にはより豊かで多彩なウイスキー製品が生み出されるであろう。そのための原酒造りに今日も研究者や現場の人達が努力を重ねているが、この4原則は動かしてはいけないと私は思っている。

ウイスキー樽の後利用——第1の役目を終えての再出発——

ウイスキーにその最大の魅力である芳醇さとハーモニーを与える樽は30年位使われて樽としての役目を終える。この間、樽を通しての空気の流通や飛び易い成分の蒸散があるが、ウイスキーが滲透して樽から成分を取り出してくる実際の厚さは驚くほど少なく、私達の実験では3㎜以下である。従って樽材の厚さの90％近くが乾燥十分な健全なホワイトオーク材として保たれている。

ホワイトオークは「森の王」といわれるに相応しい形の良い大木となり、木目が美しく、堅く、耐久性に優れているので樽材用だけでなく欧米では昔から高級家具材として使用されてきた。樽材用にはウイスキーの漏れを無くし材成分の溶出を少なくするため全て柾目取りにされているので、ねじれや摩耗が極めて少ない。

森の中で70～１００年育ち、ウイスキーを育てて30年を経たこの良質の天然材に、もう一度生命を吹きこもうと私達の仲間——長年樽に全てをかけてきた

樽材の紋様、肌触りを活かした床、家具（山崎蒸溜所・ゲストルーム）

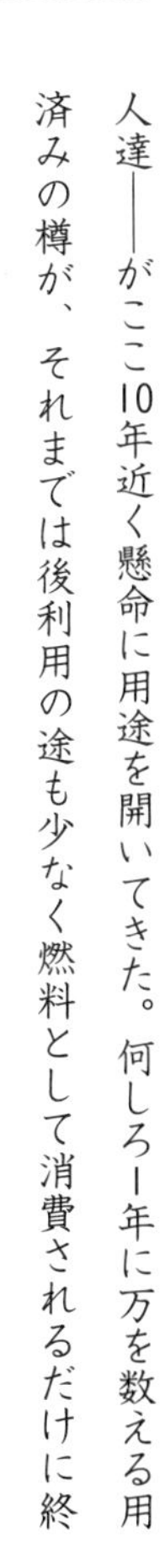

人達――がここ10年近く懸命に用途を開いてきた。何しろ1年に万を数える用済みの樽が、それまでは後利用の途も少なく燃料として消費されるだけに終わっていたからである。

1つの後利用は公園や公共の建物の前、ゴルフ場、あるいは家の庭に置かれて美しい花を咲かせたり、小木を形良く伸ばしておられるプランターとしての活用である。これは樽を半分に横断または縦断したものであるが、形を整え長く使ってもらえるように樽職人達がもう一度ばらして再組み立てをしている。どこに置いても品が良く重量感があって環境によくマッチする。

最近の利用のもう1つの方向は、ホワイトオークの材としての優れた性質の活用である。樽の鏡板はそのままだが、側板は特別の方法で曲げを真直ぐにし、いずれも両面を少し削ると美しい自然の木目や紋様が姿を現わす。乾燥十分で強度をそのまま残したこの良質材の活躍の場はぐんと拡がる。例えば建築用のフローリング（床材）や腰壁に威力を発揮する。厚みや強さという物理的な利点だけでなく、自然木のもつ紋様と肌触りといった感性が特にいい。そして合板の場合に使われるホルムアルデヒド等の接着剤が全く必要がないため極めて安全な部屋にすることができる。私も数ヵ月前に自宅の居間と客間に樽材を敷き、共に過ごした蒸溜所を回顧しながら裸足でその感触を楽しんでいる。

さらに家具をつくる優れた匠達によって活いきとした新しい生命が吹き込まれている。工芸調の扉、テーブル、机、椅子、窓枠、棚、額等が次々と創られている。あるいはトレイやコースター等といった小型の調度品も工夫され楽しさが増している。

こういった建築材や家具類として生かされれば、人びとの生活にとけこんで一層の輝きと艶を増し、さらに100年以上も生き続けるであろう。またこれらの活用が増えることはそれだけ現存の自然林の伐採が少なくて済むことになり、21世紀の地球環境の保全にも役立つであろう。

第6章

私とウイスキー

ウイスキーに至るまでのマイウェイ

大変僭越ながらここで私のウイスキーに至るまでについて述べたい。今も姓ではなく名や屋号で私を呼んでくれる故郷は、古墳時代後期須恵器の窯の中心地であり陶邑（すえむら）と呼ばれた所である。現在は堺市に属し泉北ニュータウンの一部になっているが、私の少年時代は西陶器村と称された戸数300ほどの小さい純農村であった。比較的大きい農家であった我が家には家の構造や生活習慣に農村の伝統が忠実に生きていた。陽当たりのいい広い場所もある代わりに土間、納屋、土蔵、裏庭はいつも薄暗く湿って黴（かび）くさい所も多かった。味噌造りは麹から自製だったし、漬物も全部自製だった。醤油は四斗樽から片口（かたくち）に使う分だけ取り出していた。

村の祝いごとの宴会は必ずどこかの家で大々的に行われ、我が家でも襖を外して何部屋かを通し何十人もの宴会が常時開かれた。延々と続く宴会の終わりを待つ子供達も慣れていた。また小学校時代私は父の晩酌の燗番をするのが日課であった。小部屋に並んだ一升瓶の列から燗用の器に晩酌分だけ入れ火鉢にかけた。どこから頂いたのか燗用の温度計があってそこには「ぬるかん」「のみごろ」「あつかん」の表示があり、私は「のみごろ」を中心に夏はやや低い目に冬はやや高い目に温度が上がるまで火鉢の側にいた。真夏には父は時々ビールを飲んだが、冷蔵庫はなく昼間から家の中にあった井戸に吊したがこの仕事も母か私の役目だった。そういう純農家の暮しではあったが父は田舎には珍しいハイカラさも持ち合わせていた。これは大正の中頃、近衛兵として何年か東京で生活したからであろう。旅にもよく出かけたがそんな時ウイスキーのポケット瓶を持っていた。

私の中学・高校時代は戦中、戦後で日本の最も過酷な時期であったが、農村だけに空腹に悩まされるということがなかったのは幸せであった（しかし逆にこの「幸せ」が私の農業離れの最大の理由であった）。世の中に酒が払底し酒好きは全ゆる手段を使って酒を求めた。我が家も晩酌を欠かしたことのない父のために母は酒も自ら麹を造って自製した（当然密造であった）。

長男で家業を継ぐ筈の兄が戦死した。私は大学への進学について相当に悩んだが、意を決して大阪大学だけを受験し幸いにも合格して工学部の醗酵工学科に進んだ。この学科選択には私の育った環境が大きく影響していたと思う。工学部で唯一生物（微生物）を研究対象とするユニークな学科であったが、私の育った環境——農産原料、微生物、酒・味噌・醤油等の醸造物——と密接に繋がっていたし、さらに新しく有機酸、抗生物質、アミノ酸等の微生物による生産が拓かれつつあった。

大学時代私はボート部に属し講義や実験の後練習に加わりさらに家庭教師に行くというハードな毎日だったので余り勉強しなかったが、先生や先輩方に恵まれて卒業研究は充実して進めることができた。テーマは「アルコール不純物除去に関する研究」で、蒸溜でなく当時使用され始めたイオン交換樹脂による新規の方法の開発であった。大学院に進んでからは「麹菌による芳香物質の生成」のテーマで酒の芳香の中での麹菌の役割を明らかにする仕事であった。大学時代特筆すべきことは4年次の年末日本酒造りの実習を灘の「菊正宗」で2週間やらせて頂いたことである。最も伝統的な「生酛」方式の酒造りをしておられる（現在も）酒蔵で蔵人と寝食を共にしながら醸造の実体験をさせて頂いたことがこの後どれほど役立ったか計り知れない。

大学院1年次に父が脳溢血で亡くなり進退極まったが、幸い私の最大の望みであった寿屋（現サントリー）に入社することができた。兄を戦争で失い、父が突然逝ってしまい、家業を捨てた私にとって寿屋での仕事は大空に飛び出した鳥のようにまぶしく、広く、新鮮だった。製品も研究データも海外文献も何でも私を刺激してくれた。

山梨ワイナリーのぶどう園にて、左・筆者（昭和33年）

最初の10年間は主としてワイン・ブランデーの研究が中心であったが、この時代先輩や同僚達が研究、技術の対象として日本のぶどうやワイン造りを捉え革新を懸命に進めており、ぶどうの品種育成や栽培法の改良、醸造技術の改革に挑戦していた。私もその1人としてミクロフローラ※や日本のヴィンテージの研究、また現場的には酵母の選択、醸造温度のコントロール、ブランデー製造条件の設定などに取り組んだ。酒造りで最も旧く基本形でもあるワイン造りをぶどう栽培も含めて学び研究できたことは醸造の心を知る上で大きな収穫であった。その後ウイスキーに取り組むことになったが、白州蒸溜所の建設と稼働時に醸造のリーダーに私は敢えてワインの研究者を置いた。

ウイスキー飲み始めの頃

ウイスキーは戦前生まれの私達の少年時代はやはり遠い存在だった。戦後急速にアメリカの風が吹き込んできたが、中学生にとってはアメリカのチョコレートやチュー

※ミクロフローラ…微生物相と呼ばれ、自然界・体内・発酵・腐敗等における多種類の微生物群の生存や変化の全体像。

インガムがとても羨ましかった。唯ウイスキーという語感は戦前たまに父が飲んでいたこともあって頭の中に残っていたが、戦後は特に高級な酒、ハイカラの象徴みたいなイメージであった。

初めて私がウイスキーを口にしたのは昭和25年（1950年）大学に合格した時である。高校の友人三木慎一氏が数人の合格者を自宅に招いてお祝いパーティを開いてくれた。そのお宅は堺市の浜寺にあり大阪では旧い有数の住宅地である。料理は全て彼の母君の手料理だった。宴が始まる時彼の父君が『サントリー角瓶』を大切に抱いてこられた。そして「これは戦争中空襲にやられないよう防空壕に入れておいたものなんだよ。今日の祝いに飲んでくれ」と申され差し出された。戦禍を潜り抜けた宝物のような貴重なウイスキーが私のウイスキー入門で今想い返しても感激する。当時私はサントリーでウイスキーの仕事をすることになるとは夢にも思わなかった。その父君は90歳を過ぎ今もご健在である。私がサントリーに入社した後電話を頂き「いい会社に入ったね！」と温かい言葉を頂戴した。

昭和25年から29年までの大学時代はクラスの年に1～2回のコンパやボート部の年末打ち上げコンパに大飲する以外は飲みたくても余裕はなかった。コンパの酒も合成酒と梅田の闇市で調達した密造ドブロクだった。この時期私達は知らなかったが、洋酒特にウイスキーは地殻変動を起こし動き始めていたのだった。大学3～4年の頃だったと思う。高校時代の友人達が誰いうとなく「ミナミにできた『ハイボールの店』はうまいで。一見高いみたいやけど結局は安くつくで」ということだった。まだトリスバーやサントリーバーがほとんどなかった時期だったが、その店はサントリー白札だけを使うハイボール専門店だった。私も友人と何回か行ってみたが大変に流行っていた。サラリーマンが帰りがけ立ち寄り止まり木に腰かけて2～3杯飲んでさっと帰る新しいスタイルだった。またバーテンダーがタンブラーを1列に並べてハイボールをつくり高価なレモンの皮を駆け抜けるようにタンブラーの上を走らせるやり方もとても新鮮な風景だった。そして「なるほど、ハイボールってうまいもんやな」と感心したものだった。

サントリーに入社したのは昭和31年（1956年）、トリスバー、サントリーバー、ニッカバー等が勢いを得て全国の街に増えつつあった。大学、会社を通じての親友國田稔氏と私は梅田の元祖「サントリーバー」を始め、キタ、ミナミでトリスハイボールを飲み廻った。当然2人とも資金が常時不足したが、幸い労働組合に前貸制度があり2ヵ月先分まで前借りした。組合の担当は浦さんという心優しい美女だったが、私達は「ウラ銀行」と称してよくそこへ通った。

ウイスキーの仕事を共有した人達

昭和30年代の終わり頃、私はウイスキー醸造に使う酵母の実験をやり、報告書を書いた。これがウイスキーの仕事の入門であった。それまでの研究所の約10年はワイン、ブランデーに関する仕事が中心であった。昭和40年代に入り山崎蒸溜所内にウイスキーの研究開発に専念する研究所が創設され、私達7人の侍と1人の美女が移り住んだ。ここから本格的にウイスキーの道を歩み始めたのである。

いきなり研究テーマに取り組むと、「木を見て森を見ず」になりそうなので、先ず現場の人達や事象をよく学ぶことから始めることとし、製麦用大麦の俵担ぎからスタートした。製麦から原酒の貯蔵管理に至る全工程をかなりの日数をかけて実習、いいウイスキーを育てようとする現場の人達が語る情熱と技術・技能を吸収した。これが後々の研究の進捗にどれほど役立ったか計り知れない。実習の後、各工程毎にテーマを設定してウイスキーの品質に取り組んだ。当時の工場長を始めとする工場幹部も全面的に私達の仕事を応援してくれ、工場の中心にあった従業員食堂をパイロットプラント用に提供してくれた。ここに1仕込で樽1丁分のウイスキーが蒸溜できる実験工場を造り稼働した。伝統的で確立された技術と思われるウイスキー醸造も、原点に返って考え、研究してみると新しい発見や改良が次々と見出された。全員が研究に熱中し、議論し、結果を共有する本当に活気あるグループであった。

新しい発見や意見を、私達は度々佐治社長（現会長）に直接報告した。数日を経ずして必ず返事を頂いた。これがまた各人の研究意欲をかき立てた。この頃ニューヨークに在任中だった永井紀芳氏やエディンバラに留学中だった稲富孝一氏にはよく手紙を書いて海外のウイスキー事情や意見を届けて頂いた。

昭和46年頃には新蒸溜所建設のプロジェクトがスタートした。大先輩の大西為雄氏が中心となって用地探しをされ、最終的に山梨県の白州町が決められた。山崎蒸溜所建設から丁度半世紀を経たこの建設のプロジェクトチームは破格に若く、一番年長の私が39歳、20歳代が多数を占めていた。かつて例のない大自然の中での大型蒸溜所の建設は、工程の設計だけでなく自然との共存という命題もあって挑戦性に満ちた仕事であった。10人余りの少人数ではあったがまさに夜を日に継ぎ精力的に頑張ってくれた。酒好きのつわもの揃いであったのでウイスキーやビールも大いに飲んで発散もした。工程設計、工事の進捗管理の他に官公庁対応、地元の方々との折衝やお付き合い、新人の採用と教育等、多岐にわたる仕事があったが、研究所出身の私がプロジェクトリーダーだっただけにメンバーの人達は大変だったに違いない。当時の仲間はまさに戦友であったとの想いがする。

昭和50年代の私は研究所での仕事が多かった。ここでは酒だけでなく食品も担当し、技術や新製品の開発を精力的に進めてもらいながら若手の友人を多く得ることができた。ウイスキーに関しては現場に直接貢献する品質の多様化技術を一層進めてもらう一方、樽に由来する新しい化合物の発見や700~800にもなるウイスキー成分を明らかにした世界的な研究や、ウイスキーの香味を定量的に官能表現する方法の開発等ユニークな研究が進められた。

山崎蒸溜所工場長であった私の昭和60年代前半は前に述べた蒸溜所の内と外の大改修があった。このプロジェクトは白州の建設よりはさらに少人数であったが、現場や

※
サングレイン社の仲間達と海より蒸溜所を望む（左・筆者）

※現社名は「サントリー知多蒸溜所株式会社」

研究所で豊かな経験を積んできた優れた人達が参加してくれたし、ブレンダー室も全面的に協力してくれたので比較的余裕をもちながら、ある意味では楽しさを噛みしめながら進めることができた。

つい最近までの5年間私は今迄経験しなかったグレインウイスキー蒸溜所経営の仕事をした。この世界有数規模の蒸溜所は白州蒸溜所と同時期に稼働し、今や穀物を原料として発酵から連続式蒸溜まで行なう工場としては日本では貴重な存在となっている。20数年の激しい時代の動きの中で苦しい経験を重ねてきただけに、幹部から現場まで熟練者揃いであり、何よりも有難かったのは品質開発やコスト競争力強化にかける全員の情熱が強く純粋であることである。ここでも次世紀に向かっての日本のウイスキーの進み方や技術を磨くことの大切さを語り合い、ウイスキーの友を増やすことができた。

※現社名は「サントリー知多蒸溜所株式会社」

最初のスコットランドへの旅

イングランド中部ヨークシャーの麦芽工場を見学した私達は、その夜、羊毛と皮革工業の中心地であるリーズの街に泊った。「いよいよ明日からはスコッチの本場に入る」、ホテルの窓から深夜の街灯を眺めながら私はなかなか寝つかれなかった。

30年ほど前、当時のサントリーのチーフブレンダー佐藤乾氏と私はスコットランド訪問の旅に出た。今では当たり前になっている蒸溜所見学は当時は全く自由ではなかったし、ましてや外国の同業者に内部を見せるということは大変珍しいことであった。私はスポーツの試合に、大げさにいえば戦場に臨むような、高ぶりを覚えていた。

多くの方達のご配慮のお陰で麦芽工場、モルトおよびグレインの蒸溜所、貯蔵庫、瓶詰工場等を見ることができた。それらは南はローランドのガーバン蒸溜所から北はハイランド北部のダルモア蒸溜所に至り、さらにアイラ島の2つの蒸溜所を含み、どこでも心温まる歓迎とご案内を頂いた。そしてウイスキーの仕事を始めた私に強い探求心を起こさせてくれたのである。

シーズンは2月下旬から3月中旬であったため、暖流の影響で余り気温の下がらな

アイラのボウモア蒸溜所貯蔵庫

いスコットランドでも寒い時期で、美しいグレン・コウの山は雪を被っていたし、ネス湖は横なぐりの冷たい風と雨で私達を迎えた。

ウイスキー関係の多くを見学させて頂いた私は、まだウイスキーの奥深さや心がよく分かっていなかったが、当時の記録や印象を今改めて読み返してみた。

「スコッチは麦芽の製造からブレンドに至るまで基本的な面は依然として伝統的な製法を継承しているといえるが、個々の工程を見れば合理化、効率化の方向にかなりの勢いで変りつつある。特に大きい蒸溜所でその傾向が強い。しかし、夫々（それぞれ）の蒸溜所の個性を生み出している部分は大切にされ、誇りにされ守られている」と述べている。

大麦品種の改良は続けられており、麦芽造り、仕込、発酵、2回の単式蒸溜、樽貯蔵、10〜30種類もの原酒のブレンド等の基本形は変わっていないが、例えば自家製造麦芽から大型の麦芽専門工場へ、酵母も専業の会社からの購入へ、蒸溜の加熱は直火から蒸気の間接加熱へ、そして貯蔵庫も古い2〜3段積みから6〜10段のラック積み大型庫へと次第に変わりつつあった。これはスコッチの世界的需要への対応であり、コスト低減策でもある。しかし、方法の変更に当たってはウイスキーの品質への影響を慎重に検討しており、例えば蒸溜の加熱方法の変更について、ある蒸溜所は2年をかけたということであった。

モルトウイスキーの個性を生み出していると考えられる部分については、先ず水。これはハイランドではどこも独自の水源をもち、最大の自慢の種であった。麦芽については、一部の蒸溜所で当時も昔の方法で自家製造を倍の日数をかけてやっていた。麦汁を取る仕込工程も、よく見ると温度のかけ方が蒸溜所によって少しずつ違っていた。蒸溜器の形はモルトウイスキーの品質に大きく影響するが、これはまさに十所十色、蒸溜所毎に形、大きさが違い、これが自分達のウイスキーを創り出すと考えている風であった。

スコットランド、特にハイランドの山や広野は雄大だが寂寞としている。殊に冬がそうかも知れない。しかし、そこに住む人達、蒸溜所の人達は温かく、ウイスキーを心から愛している。ダルモア蒸溜所の所長は私達を自宅に招き入れ、彼が撃った鹿の燻製とウイスキーで歓待してくれた。周りの人達が彼を「メイジャー」と呼ぶので私は彼の本名と思ってお礼状を出したら「あれは私が昔陸軍少佐だったので皆が愛称として呼んでいるのだ」と返事を頂いてしまった。

モリソン・ボウモア社の現在の社長であるブライアン氏にご案内頂いたアイラ島の

思い出も格別である。小さい島の空港は1日1便で通常は羊が飼われており、着陸直前に犬が羊を追い出していた。蒸溜所までの道筋はヒース[※]に覆われピートが多量に掘られていたが、一般家庭の暖房にもピートが焚かれるためか、町中にスモーキーフレーバーが漂っていた。ボウモア蒸溜所は、磯の香りが直に入ってくる海際に建っている美しい蒸溜所であるが、ここは非常にいい大麦を使った昔のままの方法で自家麦芽を造っていた。通常の倍の日数をかけピートの燻蒸時間も30時間以上と長く、乾燥室はピートの煙もうもうたるものであった。泊めて頂いたホテルはウイスキーも食事もローカルそのものだったし、小さな町の中心をなしているらしく、夜は町の人達が沢山集まって遅くまで賑やかに騒いでいた。

ウイスキーの学会への出席

ワインやビールの研究は19世紀のルイ・パスツールの微生物による発酵や腐敗の実験的証明によって近代化の幕開けをされたといってもよい。その成果は現在にまで受

※ヒース…イギリス、特にスコットランドの山野や荒野に多い小低木。紫・白またはピンク色の釣鐘形の小さな花が咲く。

け継がれており、その後の数知れないほどの多くの研究が今日のワイン、ビール等の品質を支えている。ワインとビールにはそれぞれにいくつかの学会と研究報告誌があって世界の研究者、技術者が覇を競っている。それに対してウイスキーの研究の世界はどうなのだろうか。1970年頃まではウイスキーについての研究報告はそれほど多く見られなかったといってよい。その理由は①ウイスキーづくりをしているエリアがワインやビールほど広くなく極めて限られている（関わっている生産者が少ない）。②蒸溜所毎の個性が強く、その原因が現在の方法ではなかなか掴みにくいしその必要もない。③貯蔵熟成期間が長いため最終の研究結果を見るのに長い年月が必要である。④蒸溜所、ブレンダー共に固有の技術・技能を、秘密にしている等があげられるだろう。

しかしウイスキーの消費の世界的な拡がりによる生産増や国際的な競争の激化の中でウイスキー蒸溜企業もオープン化に変わっていった。蒸溜所の公開と共に研究、技術開発も進められ1980年以降になって発表の場も多くもたれる様になってきた。大手の蒸溜企業、企業の協同研究体や一部の大学等の研究者、技術者が精力的に原料から各工程、最終製品の品質評価に至る広い範囲を長い年月をかけて地道に取り組んでいった。私達も多くの先輩達の仕事を受け継ぎ１９６０年代から多面的に取り組んで成果をあげ現場化していった。

私達が参加したウイスキー（蒸溜酒）の学会は１９８８年6月にスコットランドのスターリング大学で催されたもので第5回目であった。スターリング大学はエディンバラとグラスゴーの中間からやや北にあり構内には色鮮やかなシャクナゲが溢れんばかりに咲き乱れ、９ホールのゴルフコースもある羨しい環境であった。小さい学会なので参加者は１００名程度で日本からは研究発表された高橋康次郎博士（現国税庁醸造研究所所長）を始め9名、スコッチ蒸溜関係からは大学、大手企業、企業共同研究所等から多数、そしてフランス、オランダ、アメリカ、カナダ、インド、南アフリカ等からも参加された。少人数の学会なので研究者、技術者同士の交流、友情を深める大変いい機会ともなっていた。

研究報告は口頭とポスターによるものがあり全部で29題であった。口頭の方はこれまでの長い研究のまとめといったものが多かったのに対し、現在進行中のものがポスターの方で発表されていたので寧ろこちらの方が私達の興味を引いた。ウイスキーの口頭発表では「原料や醸造条件によって生成する香味成分量がどう変わるか」「麦芽製造から貯蔵に至る工程条件がウイスキーフレーバーにどう影響するか」「スコッチ製品の消費者の味わい評価と専門家評価との違い」等があった。ポスター発表の中では特にゲデス女史の「ウイスキー発酵中の乳酸菌の効果」は私達も手がけていた仕事だっただけに注目した。ウイスキー発酵中の乳酸菌の存在を積極的にプラスに評価し、酵母単独の発酵よりも乳酸菌が併存している方が香り豊かになるというものであった。その他には新樽と古樽への貯蔵中のウイスキーの浸透度や樽材成分の溶出と変化の違いもなかなかおもしろかった。

学会第1日目の夕方からのパーティも大変ユニークであった。全員バスで郊外の小さい車博物館に向かい、見学後近くの倉庫らしき建物に案内された。隅の方には牧場用の道具や麦藁が片付けられていたがテーブルや椅子の配列、食事の準備は幹事の大学の先生方がやっていた。食事はバイキング方式、ワインは無料だったがウイスキーはグラス1杯いくらと金を払った。大学の先生の挨拶で漸く会が始まり最初は1人の少年が剱をもってスコットランドの勇壮でかつ優雅な舞を踊った。これを見るのに椅子に腰かけている人もいるが、隅の麦藁に腰おろす人達もいる。私は何か大きく過去へタイムスリップした気持ちであった。唖然としたといってもよい。日本の学会の豊かできらびやかな懇親会との余りにも大きな違い。

その後の3分の1はフォークダンスの会であった。どの様にして動員されたのか知らないが、ご近所の主婦と思われる方が20数人位おられフォークダンスをリードしてくれた。ご婦人方はこぎれいな服装をしておられたが普段着に近かったし実に清楚で慎ましかった。

帰りのバスは夜11時頃にもなったがその中で私は日本の華々しさを競う学会と対照的なこの催しに妙に寛ろぎと満足を覚えていた。

スコッチを育てる人達との出会い

スコットランド北部のハイランドでもスペイサイドと呼ばれる地域は、特にモルトの蒸溜所が多く、全蒸溜所の半数近くを占める。この地は昔、密造地帯として有名であったが、良質の水、豊かな自然と大麦産地であることで蒸溜所が密集している。このウイスキーは芳醇で力強いものが多いが、各蒸溜所間で同じものはなく、特徴や個性がはっきりしている。そのウイスキーを育てる人達もまた個性豊かな人が多い。私達が訪れた際お世話になった思い出深いスペイサイドの人達について語ってみたい。

まずはザ・マッカラン蒸溜所。ここのウイスキーはモルトのロールスロイスといわれる。多くの唎酒家が最高に近い点をつけ、ブレンダー達もブレンドに最も好ましい原酒と評価する。モルトの幅広さにシェリーの香味がバランス良く調和し独特のまろやかさと奥深さをもっている。この蒸溜所を案内して下さったのが当時専務のフィリップス氏である。スペイ川を見下ろす自然環境はとりわけ優れていた。発酵は木桶とステンレス槽を併用しており山崎や白州と同じである。酵母は全て購入だがディス※ティラリーイーストの他にビール工場のエール廃酵母※が何種類か使われていた。氏は発酵醪を汲んで私達に示してくれた。ここの蒸溜釜は容量が小さいので有名である。初溜釜は小さい割に銅が太くスワンネックが長い。ザ・マッカランのウイスキーの豊かさはこの小容量の釜にも由来する、と氏は語った。「スモール・イズ・ビューティフル」といいたいところか。ここのもう1つの大きな特徴は特別に手当てしたスペインのシェリー樽を100%使用するということで、この特徴はウイスキーに明らかに生きている。試験室に案内して頂く。ここでニューウイスキーから数十年にも及ぶモ

※ディスティラリーイースト…蒸溜酒用（この場合はウイスキー用）の発酵酵母という意味で、最近は酵母製造会社から購入する場合が多い。性質として一般的に高い発酵収率を示す。

※エール廃酵母…イギリスのビールは今も上面発酵のエールが多い。このエール醸造のビール工場での使用済みの酵母をディスティラリーイーストと併用する蒸溜所も多い。香味豊かで個性的なモルトウイスキーが得られる。

トーモア蒸溜所工場長と
筆者（中）

ザ・グレンリベットの水源井戸を案内する
ギリー工場長

ウイスキーを育てる人
（アイラのボウモア蒸溜所）

ルトを喇酒させて頂き、改めてザ・マッカランのもつ芳醇さ、ボディ感、シェリーとのビューティフルな調和を味わうことができた。氏の心のこもったご案内に感謝したのであった。

次はザ・グレンリベット蒸溜所。スコッチの密造から公認の蒸溜所第1号になった（1824年）由緒ある蒸溜所である。モルトの品質も偉大なものといわれ、クリーンだがエレガントな香り、きりっとしたシャープさ、調和のとれた味がある。ここを案内して頂いたのは工場長のギリー氏。所内見学の後、私達の求めに快く応じてザ・グレンリベットの水源井戸（JOSIES WELL）へ案内して下さった。蒸溜所から数百m丘を登った所にあったが井戸の蓋が重くて上げられないということで、氏はまた道具をとりに蒸溜所へ戻ってくれた。蒸溜所と数軒の家しか見えない広い丘陵の中腹にある井戸は思いの外浅く、3〜4mであった。水が繁く流れる音がして丘陵の各地からここに向けて水が集まっている様子が窺われた。私達がここでウイスキーと水について色いろ議論したのはいうまでもないが、氏の好意が身に沁みて有難かった。

3つ目はトーモア蒸溜所。ここはハイランドの道を車で走っていてもハッと眼が開かれるような、美しい芸術的な建物である。ここのモルト品質も優れており、アーモンド様の香りとスペイサイドの芳醇さを併せもつ、バランスのとれた飲み易いウイスキーである。案内は工場長のブラック氏で温もりのある人であった。所内見学の後、氏は私達を山の方に向かって案内した。蒸溜所の一番奥に流れをせき止めた水源があり、水を満々と湛えていた。時は10月末、樅（もみ）や白樺を主体とした樹々の見事な黄色が水面に影を落としていた。氏は紐付きの容器で水を掬い上げた。そして石垣の間に隠されたグラスとトーモア1本を取り出し、まずは水を、次にトーモアを注いでくれた。スモーキーを少し含む水はきりっとしてクリアーであった。秋色の深まる冷気の夕方、トーモアモルトは鼻を快く刺激し、口中を楽しませ、腹の中に沁みこんだ。至福のひと時であり、氏の温もりを十分に感じた訪問であった。

最後はタムドゥ蒸溜所の技師長クーパー氏。氏の所属する蒸溜所へは私はまだ訪れていない。氏とは前述した学会で知り合ったのだが、氏は俳句を特に好み自らも句づくりをするという。その後クリスマスカードや手紙を交換する仲となったが、ウイスキーの品質特性を生み出す条件についてお互いの意見を討論し合って大変有意義であった。同時に俳句の英語本を送ったり、大津市の義仲寺にある芭蕉の墓の様子を私から伝えたりもしたが、氏から自作の句をいくつか頂いた。私は俳句の心をよく分かっていないが、ウイスキーを育てる人の心は自然との共存やそれを愛でる心にあると思っているので、氏に深く敬意を表している。氏の一句を披露したい。

A cold winter moon over
A quiet river
Why not have a dream!

蒸溜所訪問余聞——わが生涯最長の日

その日の朝早く私達はサンフランシスコを発った。アトランタを経由してバーボンウイスキーの中心地ケンタッキー州ルイビルを訪れるためである。案内役はUC　DAVIS校に留学中の福田保司君（現サントリーホールディングス役員）で、彼は数日前に行われたASEV（アメリカぶどう・ワイン学会）1991年度大会で醸造部門学生最優秀報告賞を受賞していて精気に溢れていた。

サンフランシスコからアトランタまでのデルタ航空機は満席で私達3名は別べつの席となった。飛び発ってから30分位経っただろうか、機長から飛行機にトラブルがあるのでサンフランシスコに引き返すとのアナウンスがあった。機内にざわめきが起こったがそれほどの騒ぎにならなかった。後で福田君に聞いたところによると、この時機長は「トラブルが発生した。このフライトは私の最後のフライトであるが、私の人生の最後としたくないのでサンフランシスコ

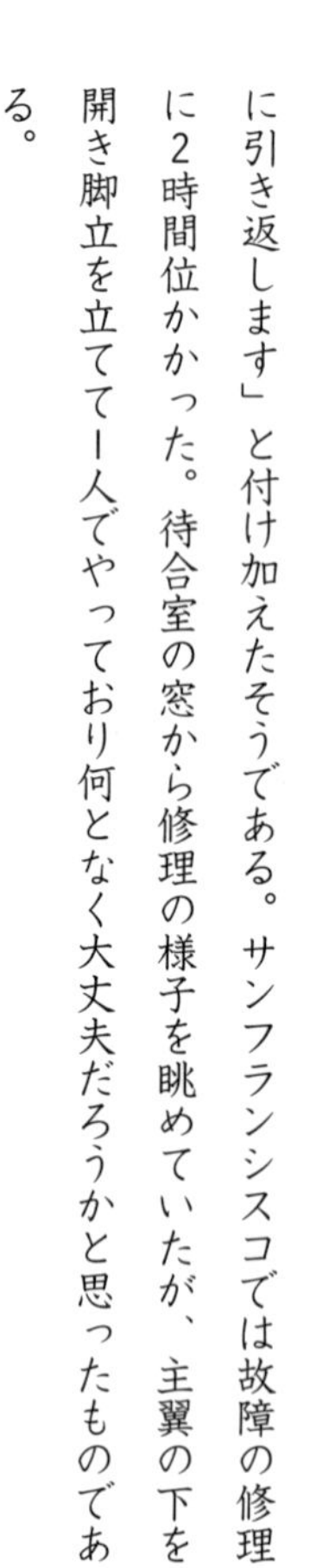

に引き返します」と付け加えたそうである。サンフランシスコでは故障の修理に2時間位かかった。待合室の窓から修理の様子を眺めていたが、主翼の下を開き脚立を立てて1人でやっており何となく大丈夫だろうかと思ったものである。

飛行機がアトランタ空港に到着した時放水車が両側に並び機体に一斉に水をかけた。

「すわっ！　またトラブル」と一瞬思ったが、これは機長の最終フライトへの労いの水であった。到着ロビーには機長を迎えるブラスバンドや花・風船をもった多くの人が溢れていて私達を和ませてくれた。時間遅れの到着で当然のことながら予定のルイビル行きの便には乗れずここでも2時間位待たされてしまい、私達はメキシコ料理「タコス」で腹ごしらえをした。

アメリカ国内の時差もあり私達が目的のルイビル空港に到着したのはもう夜の10時を遥かに廻っていた。それにも拘らず空港にはブラウン・フォーマン社の副社長が私達を迎えに来られていた。私達はラッゲージクレームに急ぎ荷物の出てくるのを待った。荷物が出てくる毎に到着客は1人、2人と空港を去って行く。とうとう全員がいなくなったが私の荷物だけが出てこなかった。「あー、今日は何という日か」と嘆いてみてもどうにもならない場所。考えてみると翌日ブラウン・フォーマン社の本社や蒸溜所を訪れることになっているが、ワイシャツ、ネクタイ、ソックス、下着類の一切が、失われた荷物の中であった。私達を最後まで待っていて下さった副社長は事情を聞いて深夜のルイビル郊外へキャディラックを走らせてくれた。必要最少の物を揃えるのに1軒のスーパーマーケットでは足りず2軒を廻って頂いたが、車中でアメリカの航空会社の不手際を詫びられた。もう私は何と申し上げたらいいのか、この紳士の立派な態度とご厚意は一生忘れられない。

漸くにして予約のホテルに到着し、ご苦労をおかけした副社長に心からのお礼を申し上げ「もうこれで大丈夫です。明日お伺い致します」とホテルの入口でお別れした。

しかしトラブルがもう1つ待っていた。当のホテルは私達の到着が余り遅いので予約の部屋を他に譲ってしまっており空室もなかった。私達はギャランティ予約をしてあったので本来どんなことがあっても他人に譲ってはならない

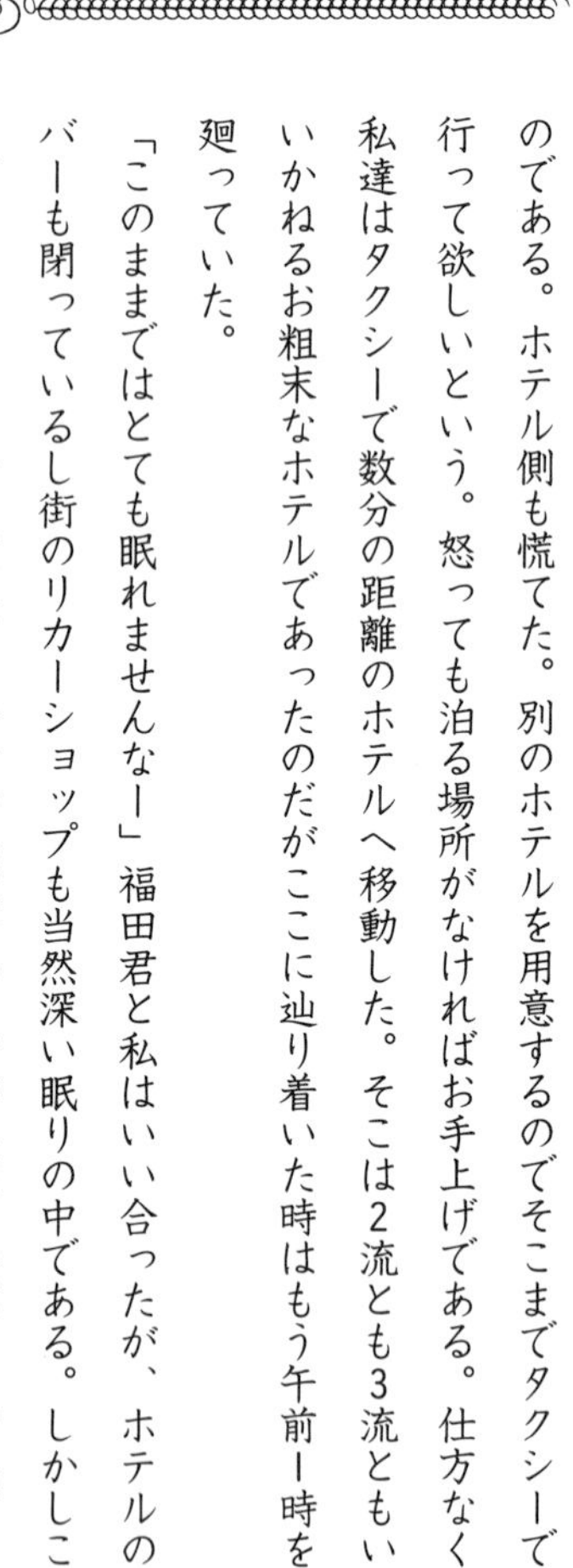

のである。ホテル側も慌てた。別のホテルを用意するのでそこまでタクシーで行って欲しいという。怒っても泊る場所がなければお手上げである。仕方なく私達はタクシーで数分の距離のホテルへ移動した。そこは2流とも3流ともいいかねるお粗末なホテルであったのだがここに辿り着いた時はもう午前1時を廻っていた。

「このままではとても眠れませんなー」福田君と私はいい合ったが、ホテルのバーも閉っているし街のリカーショップも当然深い眠りの中である。しかしここでアメリカの生活に慣れ、判断行動機敏な福田君が本領を発揮した。「何とか探してきます」と彼は街へ出て行った。暫くすると彼は両腕一杯にビールの缶を抱えて帰ってきた。ガソリンスタンドにあったのだという。「地獄に仏」とはこのことをいうのだろう。私達はどれ位ビールを飲んだのだろう。ビールの空缶が林立していたのを想い出す。

「よう飲みましたね。それにしても長い1日でした。よく命拾いしたものです」といい合って私達はやっと床についたのである。

翌朝はさわやかな姿で——スーパーマーケットで仕入れたワイシャツ、ネク

タイ、ソックス、下着類を身につけて――ブラウン・フォーマン社を訪れた。そして香味豊かで魅力的な『アーリータイムズ』や『オールドフォレスター』の誕生の様子を見、またブルーグラス社の活気に満ちた樽造りの現場も見せて頂いた。

大学での講義──教えることの難しさ

大学が実業界から学外講師を招くということはよく行われている。特に工学部では産業界の専門家に講義を依頼することが多い。大学の専門課程の先生方は先端的な研究を進めることと、学問の基礎と研究の方向を教えることが仕事であるので、産業界の現況は現場のプロが教える方が適っているのだろう。私達の醸造業は最も伝統的な産業のひとつであり、基本形は変わらないが、日進月歩といわないまでもやはり年毎に技術や製品が新しくなっていく。私達の学生時代（もう45年も前）にも何人かの業界の方が見え、それぞれ個性的な講義をして頂いた。

学生時代ボート部の選手であり、余り成績も良くなかった私が教壇に立つことになるなど想像もしていなかったが、洋酒造りの世界に何十年も関わっているということで母校（大阪大学）の工学部醗酵工学科（現応用生物工学専攻）の講師を承り、ほんの数年の積りが結局先生方の定年と同じ63歳まで10数年にわたって講義の一部を担当させて頂いた。担当は醸造工学の中の洋酒（主としてワインとウイスキー）とビール醸造部門で、全く自由にやらせてもらい、また毎年新しい世代と接することができ大変感謝している。この講義に当たっては特に大嶋泰治教授（現関西大学）と山田靖宙教授に種々お世話になった。

講義を聴いてもらうということは想像以上に難しいことであった。想い返せば私達自身も学生時代、講義には出席しない、だが試験には合格したいというような勝手な想いをもっていたし、少数しか出席せず外来の先生に失礼極まることもした。それでも当時は他人のノートを借りる方が却って時間がかかるということで出席することも多かったが、今はコピーが極めて容易である。また最近はどの大学でも講義中に私語が多いということが問題になっている。確かに私の経験でもその傾向が強まっていると思うが、これは学生だけの問題ではなさそうである。

魅力ある講義、学生との対話、そして試験と採点、これらについて色いろ悩みながらも年毎に工夫を重ねていった積りである。先ず、講義録は私のやってきたワインとウイスキーについては経験、報告書、文献等から自ら作製し、直接にはやってこなかったビール醸造については研究所の優秀な2人の専門家にお願いし、立派なものをつくってもらった。そして以後毎年研究所や製造現場を訪ね、この1年間の技術の進歩や新しい製品、そして消費の傾向をヒアリングして講義録に付け加えた。また講義で話す、書くだけでは現場の臨場感に乏しいので、スライドや現物を見せ、例えば醸造用ぶどうや醸造機具、麦芽やホップ、ウイスキー蒸溜釜や樽づくり等の特徴について理解し易いようにした積りである。さらに全講義終了後に山崎蒸溜所と桂ビール工場を必ず見学してもらうことにした。

そして私の講義の最大の特徴は（これが出席率の高かった最大の理由であろうが）各講義の後でワイン、ビール、ウイスキーを試飲してもらったことであろう。例えばワインについてはぶどう品種の特性の表われ方や国産と海外ワインの比較等、ビールについては上面と下面発酵、季節のビールや各国ビールの特性等、ウイスキーについては世界の5大産地（日本、スコッチ、アイリッシュ、バーボン、カナディアン）の特性等について語り合いながら香味をテイストしてもらった。この時ばかりは全員の顔が輝いていたし、若者と十分な会話を交すことができ、また多くの適切な質問を受けた。そして若者達の好みの特性はあるものの、感覚の確かさについて改めて見直した次第であった。

悩みは試験と採点であった。いつの時代でも学生にとって一番嫌いなのは期末試験である。当初は私は試験なし、標題に対して自由意見を述べるレポートの提出で全員合格という甘い方式をとった。しかし私の講義への心構えと準備、学生側としても朝早くから出席し熱心に聴く者とそうでない者との較差、そして何らかの形で講義が学生の頭に残って欲しいという私の願いを考えてやはり試験と採点は厳しくやることに改めた。予め重要課題をいくつか明示しておいてその中の半分を試験問題として出すことにした。また1問には若者の自由意見を書いてもらった。採点については私の講義の責任として一番よくできた答案を満点として比較採点をした。果たして私の講義や試験のやり方は学生達から何点を付けられていたのだろうか。

――ウイスキー讃歌――

山に落ちた雨が、樹々の下に潜り地下水となって蒸溜所の井戸に辿り着くのにどの位の月日がかかるのだろうか。今朝も蒸溜所ではこの水が汲み上げられ麦芽と出会ってウイスキー誕生への動きを始めている。何十年もこの仕事を続ける男達は、厳しくて優しい眼差しでそれを見つめゆっくりと次の工程に移していく。蒸溜の銅釜は汗だくの仕事を終え内部を洗い浄められて次の蒸溜に備えている。貯蔵庫では何十年も変わらない静謐(せいひつ)の中に微かなウイスキーの息遣いと点検の男の足音だけがある。今日も一部の庫で樽の仲間が名指しされて出ていき新入りが入庫してくる。そして瓶詰場では装いをこらした製品が自信に満ちた顔をしてライン上に現われ始めている。毎日繰り返されるウイスキーの現場風景ではあるが、今日仕込まれたウイスキーが世に出るのは確実に21世紀であり、あるものは2020年を超えるであろう。この流れの悠久性がウイスキーの味わい深さの根源であろう。

ウイスキーはまた歴史的に見たとき、決して順調な発展をしてきた酒ではない。西洋では反逆の魂が長く生きていたし、日本では挑戦の激しい闘志が燃えていた。スコットランドでは1644年にウイスキーに税金が課せられて以来、さらに1707年にイングランドとの合併によって一層強く反税闘争と密造が150年も繰り返された。アメリカでもやはりウイスキーへの重税に対する反乱が1794年に起こり、政府は軍隊をもって鎮圧したという苦い歴史をもっている。わが国では全くの未経験の中で唯「日本人の手で日本のウイスキーを育てたい」という破天荒な理想への挑戦があった。汗と血を流し、地を這う苦しみと危機の連続に耐え抜いた末に辿り着いた成功へのとっかかり（1937年『角瓶』発売）であった。ウイスキー事業のもつ粘り強さ、製品の質を高めるための、またお客様を知るための研究心がこうして鍛えられた。

ウイスキーには「水が生きている」「森が生きている」といわれる。すぐれた自然環境なしにはいいウイスキーは生まれないということである。またウイスキーは蒸溜酒の中で特に芳醇といわれるが「いい水」「豊かな発酵と蒸溜」「長期の貯蔵」に由来する所大であり、とりわけ「長期の樽熟成」による豊かな香味のハーモニーが特質である。私はさらにウイスキーには「育てる人が生きている」を付け加えたい。誕生から育成そして製品に至るまでウイスキーほど人手のかかっている酒は他にないであろう。

ウイスキーの歴史がもつ闘争性や粘り強さ、香味の強さ、飲まれてきた場所や飲み方等（西部劇も一役か）でウイスキーは「男の酒」という言葉も多い。私自身もそんな飲み方をする場合が多い。食前のストレート、バーでのオンザロックや濃い水割り、バーボンのソーダ割り等。しかし酒に男性、女性の冠詞の必要はない。好きな酒を好きなやり方で飲めばよい。特に女性が力を付けてきた今の時代である。そういう意味

でウイスキーは「大人の酒」と表現するのが一番相応しいと思う。日本酒やワインのような、仲間とか家族を連れこむ連座性に乏しいし、ビールのような止渇力や陽気性も少ない。しかしウイスキーは嬉しい時、想いの叶わない時、あるいは決断を要する時等に一番大人の気持ちに付き合ってくれる酒ではなかろうか。1人でもよい、親しい友と一緒でもよい、人が1日の仕事を終えての短い時間を寛ろぐのに格好の酒であろう。恋を得た時も、失った時にも相応しい。飲み方もその時々の気持ちに適ったやり方がある。酔い心地は軽やかである。知性的（?）であるともいわれる。大自然に抱かれてゆっくりと歩み成長したウイスキーは、大人の心を知り元気づける力をもっているのだろう。

21世紀にウイスキーはどう歩み続けるのであろうか。造りの基本形や長い熟成がもつ魅力は不易の部分として変わらないだろうが、これまでの100年の歴史を振り返るとこれからも技術、情報の変革や風俗、生活習慣の流行がやはりウイスキー文化に大きく影響してくるであろう。21世紀の情報社会こそウイスキーのもつ抱擁力と知性的な酔いが相応しいのではないだろうか。これを想うのも亦楽しからずやである。

第7章

これからのウイスキー
――21世紀にむけて

シングルモルトウイスキーブーム

「近頃都では……」というわけでもないが、最近東京を中心としてシングルモルトのファンが急増しており、日本各地に拡がりつつある。２００１〜02年に私はいくつかのウイスキーイベントに参加した。英国・ウイスキーマガジン社の「世界のウイスキーテイスティング」、土屋守氏主宰のスコッチ文化研究所の「創立総会」・「パネルディスカッション」・「スペイサイド蒸溜所巡り」、日本ソムリエ協会の「スピリッツアドバイザー研修会」などで、東京中心の活動である。

これらの会で大阪に住む私は多くの発見と驚きを味わった。ウイスキーの低迷が喧伝される中にあって、これらのイベントに２００人という老若男女のウイスキーファンが集まり汗の噴き出す熱気があった。そして参加各位の眼と情熱は特にシングルモルトウイスキーに向けられていた。

シングルモルトとはブレンデッドウイスキーが数々のモルト原酒とグレイン原酒のブレンドであるのに対し、モルト原酒だけのものでしかも単一蒸溜所の製品である。まさに「何も足さない、何も引かない」ので蒸溜所の個性が丸出しなのである。モルト原酒は100の蒸溜所があれば100種類の個性の新酒が生まれるし、それに樽の種類や貯蔵年数が加わるとシングルモルトの製品はそのまた何倍かになる。日本にも山崎、白州、余市、仙台、軽井沢などの蒸溜所名のついたシングルモルトが人気を得つつあり、世界的にも高い評価を受けている。

日本でのシングルモルトブームを如実に示す例として、前述のパネルディスカッションで著名なバーのオーナーやライターの方達より伺ったが、「東京のバーは凄い、世界一でしょう。シングルモルトを500から600種以上置いている店が10店もあり、100種以上の店なら40店もあるのだから。ロンドンやニューヨークの著名なバーでも100〜200種の店が2〜3店ぐらい」ということである。このブームともいうべき現象は実は10年位前から静かにやってきていたらしい。ごく一部の昔からのスコッチ通だけでなく一般の飲み手が各蒸溜所のモルトに魅せられるようになったのは一体どんな動機があったのだろうか。

勿論多くの要因があるだろうが、私はウイスキーを生業としている側の、次の3つの努力の重なりが大きいと思っている。

一律な繁栄の後の空虚さと没落を見て懸命に自分の店の特質や生き方を見出そうと

地道にファンを開拓された業務店の方達、私達のようなウイスキーの造り手（日本、スコットランド共に）が蒸溜所をお客様に見せ、語り、味わってもらうことを長年続けてきたこと、そして消費者に蒸溜所やモルトの魅力、提供するお店の情報を広く伝えてこられたライターの方達の貢献である。こういった努力の基本はファンを含めてウイスキーへの限りない愛情といえるだろう。

シングルモルトは蒸溜所ごとにそれ程特徴が違うものなのか、そして何故に違いが出てくるのか。香りや味わいについては実際に唎酒して頂くしかないが、よく引合いに出されるのはスコッチの『グレンフィディック』と『バルヴェニー』である。両蒸溜所が隣接していて（境界もない）、オーナーも同じ、設立も1890年前後、同じ地域の水というのにモルトの性格はまるで違う。『グレンフィディック』は色淡く香味は軽くフレッシュでフルーティ、ドライな切れであるのに対し、『バルヴェニー』は琥珀色で香味は深くオレンジ蜂蜜様でコクが感じられる。又『ロングモーン』と『ベンリアック』も隣接して兄弟分といわれるが、そのモルトは『ロングモーン』の複雑な果実様の香りとスムーズだがしっかりした厚い味わいに対し、『ベンリアック』はカラント※系の香りに麦芽風味とバタースコッチ的な味わいがあるといわれる。同じ

※ユキノシタ科スグリ属の植物。日本ではセイヨウスグリを指すことが多い。とげのある落葉小低木でグーズベリーともいわれる。

場所、オーナー、水でもこれだけの違いがあるのだからスコットランドの100近い蒸溜所、そして日本各地の蒸溜所に大きな違いがあるのは容易に想像できる。その違いは一体何に由来するのだろうか。

一番難しい質問であるが、どの蒸溜所でも「水」を誇り個性の要因にあげる。水の違いでウイスキーが変わることは前述したが、これだけでは説明がつかない。原料大麦については『マッカラン』はとことん昔の「ゴールデンプロミス」種にこだわっているが、他の蒸溜所はそれ程差がない。しかしである。彼らの造りと育ての段階をよく見ると各蒸溜所のこだわりの違いが随所にある。酒としての骨格づくりをする発酵と蒸溜工程の細かい違い――例えば加える酵母の種類や状態、発酵醪の経過、共棲する乳酸菌や酸度、蒸溜では釜の形や大きさ、加熱の方法、泡立ち状態、ラインアームやコンデンサーの構造等々――が原酒の性格づくりに大きく影響する。さらに麦芽のピート燻蒸のやり方、貯蔵の樽や環境、年数も加わる多重な要因で個性が生まれ育っていく。いやもっと大切なのはそのモルトを生み育てる人の意志と情熱といった方がいいだろう。

こんなシングルモルトは一体どう楽しめばいいのだろうか。それこそ人それぞれであるが、ブレンデッドのようにバランスとかスムーズを重視していないので、いきなり薄い水割りは勧められない。自分の好みのものを楽しむために、又はそれを探すために、小グラス（香りのきき易い）に入れてゆっくり香りを楽しみ、少しずつ舌に乗せていくのがいい。

さらにごく少量の水を加えて嗅ぎ味を確かめ、又少し水を加えて香味を追っていくと濃度によってそのモルトのもつ深さ、多様さが発見でき、何倍にも楽しむことができる。私の密かな最上の楽しみは「からすみ」や「鰊」を肴にしての『山崎』と、白州蒸溜所で苦労を共にした亀山専次君が山梨の渓流で釣り、奥様が燻製にして送ってくれる「岩魚」や、中山敏郎君より届く地元の山菜、きのこ類で飲む『白州』である。

再び「日本のウイスキー」について――造る（育てる）側の立場から

終戦直後の日本が一番苦しかった時にも、山崎蒸溜所でのウイスキー造りは続けられていた。国鉄（現ＪＲ）山崎駅に着いた各地の大麦は荷車等で蒸溜所に運ばれ自家製麦し、1日1仕込・1蒸溜、秋から春にかけての半年の仕事であった。それから58

年を数える。創設からは80年である。

1950年代にハイボールブームが都市サラリーマンの間に湧き起こって全国に拡がり、それに続いて水割りの普及と高級品移行が進んだ。これらのウイスキー消費の著しい変化は造る側に増産と質の向上を厳しく要求した。その後輸入自由化による海外製品との競争も激しくなったが、高度成長期の豊かさ志向にも支えられ国産ウイスキーの消費は伸び続け日本は世界第2のウイスキー消費国となったのである。しかし1984年頃をピークとして好みの多様化、焼酎の伸張、ライト志向に当時の増税圧力が加わって消費の低下が始まった、それが現在も続いているが、最近になって新しい消費の芽生えを感じている。

この大きな流れの中で、私達造る側は蒸溜所の増・新設を進めながら、1960年頃より本質的な研究開発を続け原酒の質を向上させること、特性の違った多様な原酒（モルト、グレイン共に）を造り分けること、そして優れた「日本のウイスキー」と評価される商品を生み出していくことに専念してきた。

酒の製造と消費には不易と流行の二面があるが、本来伝統的産業であるだけに飲む側からも伝統や手工業的な面への期待も強い。特にモルトウイスキーのように旧い造りと長い熟成期間を要する酒には不易の部分――即ち変わらない、もしくは変えてはならない部分――がかなり大きなウエイトを占めている。それは①どういうウイスキーを出していくかという創業者（企業）の志・哲学、②造りの基本形、③ウイスキーを育てる自然・環境等である。ウイスキーが他の酒類と大きく違う点は原酒の製造（醸造・蒸溜・貯蔵）の部分と、商品化（バッティング・ブレンディング・瓶詰）の部分が時期的に大きくずれていることである。熟成期間が長く商品化に向けて直ちに原酒を造れないので大量の貯蔵（年間出荷の約10年分）が必要であり、そしてできるだけ特徴の違った多様の原酒を用意しておくことが必須である。

シングルモルトの項で述べたように蒸溜所によって原酒の特性は千差万別である。しかしその特性を明確に区別し、それが何によって生まれてきたかを解析・説明すること、さらにそれを他の現場で再現することは今も至難の技である。人々に愛飲される個性豊かなシングルモルトを生み育てていくことは、その蒸溜所の独自性・名声を高める上で最重要なことであるが、芳醇にしてハーモニーとデリケートさをもつ日本のブレンデッドウイスキーを創り上げることはさらに難しい。

スコッチのブレンデッドの場合は１００近いモルト蒸溜所とグレイン蒸溜所からブ

レンダーの望みの原酒を選択する。しかし日本の場合は基本的には自社で多種類の個性の違ったモルト原酒や複数のグレイン原酒を用意しなければならない。そして世界的に高く評価されるシングルモルトとブレンデッドに仕上げるブレンダーの技の磨きである。私達の先輩、同僚、後輩達が厖大な時間と人数をかけてウイスキーに取り組んできたのはそのためである。

1960年頃より水、大麦、製麦、ピート燻蒸、仕込、発酵、蒸溜、製樽、貯蔵と原酒製造の各工程毎に研究を進め、実験の結果は一回の仕込で一樽のウイスキーが取れる比較的大きなパイロット蒸溜所で確認した後、現場に移した。数限りないトライアルを重ねながらそれこそ手探りでウイスキーの個性を決める要因を探ってきた。追いかければ追いかける程ウイスキーの奥深さと造りの難しさを実感させられた。これまでの経験から極めて大まかだが「原酒の身体部分をつくるのは発酵（前提として仕込）と蒸溜であり、まとい（衣）の部分をつくるのがピーティング（スモーキー）と樽貯蔵（樽の選択と貯蔵期間）」と私自身は思っている。水と自然・環境は私達の技を支える陰の大黒柱であって、それらが崩れると人の技も基本的に崩れてくる。

発酵前の麦汁の清澄度、発酵における容器や酵母の選択、醪の途中経過と酵母や乳酸菌の働き、死滅菌からの成分溶出等は、ほんの2〜3日工程だが、極めてデリケートな香味の差となってくる。蒸溜では釜の大きさやかぶと部分の形、加熱の方法やそれによってできる新しい香り、液と泡の部分で起る銅との反応、泡の上部で起る極めて小さい液滴の破裂による不揮発分のウイスキーへの移行、ラインアームやコンデンサーでの銅の役割等が大きく影響する。再溜における前溜・中溜・後溜の切換えをいつやるかも品質上重要な要因である。

ピーティングについてはピートの種類や使用量も当然大切だが、麦芽乾燥のどの時期に燻蒸するかで香りの種類が変わり、熟成にも影響してウイスキー全体の印象を左右する。樽貯蔵による熟成はウイスキーに必須の重要工程であるが、樽の大きさ・新旧、内面の焼き方、旧樽の再生法、シェリーの空樽の使用等で熟成の進み方が大きく変わる。熟成は様々な化学変化や物理的な安定化などが確認されているが、ほとんどの変化に樽が関与しているようである。私達は樽の選択に一際厳しい眼を向けており、日本産樽材の独自の特性も活用している。

日本のウイスキーは80年の歴史をもつが、この40年近く、特にこの15年位の間に精力的な研究開発が進められ、スコッチよりシビアな考え方で現場の仕事が行われている。勿論ウイスキー造りは自然との調和の中に生きる技であることに変わりはないが、その技に磨きをかけ、よりレベルの高い「日本のウイスキー」に成長していることに間違いはない。より深く真に日本的なものを求めてこそ世界的になると信じて、造り手は手を休めない。

むすび――過去、現在、そして未来へ

砂漠に種をまくといわれながら、鳥井信治郎が山崎の地に蒸溜所を創設して今年で80年になる。ほとんど需要がなかったし、これ程難しい酒造りはないと思われるウイスキー事業を何故始めたかについては、私は信治郎の強烈な個性のなせる業であり、「やってみたい。わしがやったらやれる」という意欲と壮烈ともいえる自信と執念だと思っている。果たせるかな、その種が芽を出し花開いたのは第二次大戦後である。それには何もかも不足していた戦時下にもウイスキーを蒸溜し続け、樽に詰め地中に埋めてまで原酒を守った先輩達の苦労があったからである。

山崎蒸溜所創設から丁度半世紀を経て、今度は広大な南アルプス山麓の森の中に白

州蒸溜所を創設した。従ってここは30年になる。白州のウイスキーは森の香りがするといわれる。

この両蒸溜所に私は長く深く関わり、佐治敬三社長の総指揮のもとで、創設、大改修、品質づくり、環境づくり、地域とのよき関係の維持等々に仲間達と苦労を分かち合った。さらに最後の5年間をグレインウイスキー蒸溜所で過した。だから日本のウイスキーは私の身体の一部というよりほとんどを占めているような気がする。

「酒ちゅうもんは生きてま。どんな酒かて寝かせてみなはれ」。鳥井信治郎がウイスキーにまず取りつかれたのは「熟成」の妙である。あらゆる酒類の中で長い年月の樽貯蔵による熟成感を一番もっているのはウイスキーであろう。そして樽に入る前の醸造と蒸溜の、短い期間だがウイスキーの骨格を造る工程は、自然流なだけに私達が普通考えるよりもずっと複雑であり豊かなのである。個性が生まれる由縁である。

この奥深いウイスキーの魅力を何故か現代人は忘れかけているのではないだろうか。あるいは大人が、育ってくる青年に自信をもってこれを伝えていないのだろうか。あるいは青年が本当の大人になり切れない時代なのだろうか?

否、そうでもないだろう。まだ都会の一部かもしれないが、青年（男女）から中高

サントリー山崎蒸溜所「山崎ウイスキー館」のテイスティングカウンター

年まで幅広く「シングルモルト」や「ピュアモルト」のウイスキーを真実愛する人達が増えつつある。その出自を探り、その香りや味の由来を語り、熟成の妙を身体の芯で捉えようとされている多くの人達を私は知っている。こんな友人が増えていっている。版画家の山本容子氏が作家の村上龍氏との対談（「サントリークォータリー54号」、１９９７）で「希望的観測として、もうじき『ウイスキーが一番』と云える時期がやって来そうな予感がするし、これからウイスキーに期待しているの。好きだから絶対似合うようになってやろうと思います。それくらい捨てがたいお酒なのよね」と話されウイスキーに惚れこんでいただいている。新しいウイスキーの時代の始まりといえるだろう。

日本のウイスキーは世界でトップクラスの質のレベルに達していると評価されている。80年の歴史、スコットランドと違った四季と豊かな自然、微生物と樽の上に積み重ねられたきめ細かい日本人の技——これらがもたらす一番奥の深い酒、大人の酒といわれるウイスキーが、21世紀に日本の活性化と共に蘇って欲しいと願っている。水割りやお湯割りは和食の繊細な味にもよく寄り添う。造り手側は過去の栄華に拘るのではなく、創業者の心に立ち返って新しい事業を拓く意気込みが必要だろう。流行や多様性とか移ろい易い世に、飲み手の目線を特に意識しながら、一方で人々のもつ高い不易の部分を刺激しウイスキーのもつ魅力と新しい生活様式を大胆に提案していって欲しい。そして発展する海外諸国でも日本のウイスキーが愛飲される姿を数多く見たいものである。

第8章

ジャパニーズウイスキー100年の歩み

——造り手から見た日本のウイスキー苦闘の流れ——

ウイスキー100年

砕かれた麦芽が水と共に初めて仕込槽に投入される「ザアッー」という音を聞いた時の「さあー、始まった」という緊張感と、磨かれた新しい銅釜からニューポットが流れ始めた時の喜びと、どんなウイスキーになるかという不安が混じり合った特別の感慨は、蒸溜所を立ち上げた人だけが味わうものであろう。ましてやジャパニーズウイスキーの創業者である鳥井信治郎と計画実行者の竹鶴政孝は、その時どんな思いをしただろうか。それから100年が経った。この100年をサントリーウイスキーの歩みを主として造り手の立場から辿ってみたい。

鳥井信治郎は20歳で洋酒事業を立ち上げた強い起業家魂を持ったアントレプレナーであった。日本人の舌になじまないワインを甘味化することに成功したがそれだけに満足せず、その利益をもって本格ウイスキーの造りに挑んだ。社内外の反対が強まる毎に彼の挑戦心が強まった。何故に途方もない金と時間を必要とする危険極まりないウイスキー造りに拘ったのだろうか。いろいろ推論があるが、私はワインの成功による自信（わしがやったらやれる、やってみせる）、酒の熟成の魅力を体験していたこと、そして日本の将来の西洋化への期待（ウイスキー評論家の故マイケル・ジャクソンはこれを日本人の「AKOGARE」英語での Yearming と表現している）だったと思っている。

慎重に山崎の地を選び、スコッチを忠実に学んだ竹鶴政孝を招いて宿願のウイスキー造りを始めた。申告した最初の製造は現在の単位に直すと1仕込麦芽1・62ｔ、仕込水9㎘、酵母を加えて醪量は10・8㎘、発酵後アルコール度7％となっている。初溜には6時間かけアルコール度23％、再溜も6時間をかけて本溜0.8㎘、アルコール度60％となっている。これらの数値は現在計算しても誤りはない。従って規模は現在の大半のクラフト蒸溜所よりやや大き目といった所である。

忠実に5年貯蔵し、満を持して発売した『白札』（1929年）は全く売れなかった。原因はスモーキーの強さで日本人の好みに合わなかったと簡単に説明されているが、私はそれだけではなく、先ずその市場がなかった（日本産ウイスキーなど必要としなかった）ことと、やはりスモーキーの強さだけでない品質上の問題が多くあったと思っている。

鳥井信治郎のウイスキー造りの本当の苦闘はここから始まった。佐治敬三がよく話していたが、この時期の鳥井信治郎は闇夜の一人歩きであり、ひたすら製造とブレンドの技を考え磨き続けた。一家の団欒といえば元日の朝だけだったという。

戦前、日本がやや豊かになり時代相も新しくなりつつあった。山崎のウイスキーの熟成とブレンドの技の向上もあって１９３７年に発売した『角瓶』でやっと明かりが見え始めた。そして『角瓶』の特性の方向はスコッチ一辺倒でない日本のウイスキーの方向も示していたのである。

しかし続いて戦争となり世はウイスキーどころではなくなった（これはスコッチ業界も同様で最後に製造禁止に追い込まれている）。そんな戦時の困難な時代でも私達の先輩はグレーンウイスキーの製造、樽処理用のシェリー酒の開発、ミズナラ材の使用を進めたし、研究面でも醪中の乳酸や乳酸菌について学会発表を行っている。山崎では樽を地中に埋めてまでして原酒を戦火から守り抜いた。主力の大阪工場は全焼し、鳥井信治郎は大火傷を負ったが、山崎の原酒は幸い全量生き残った。ニッカの余市蒸溜所の原酒も無事であった。

敗戦後鳥井信治郎はアメリカ駐留軍にウイスキーを売るという商人魂を発揮したが、日本人にとってウイスキーは高嶺の花であった。

1945年に2代目社長となる佐治敬三が登場し、当時の寿屋は「うまい、やすい、トリスウイスキー」を発売した。ハイボール（トリハイ）としてグラス1杯50～60円はサラリーマンや市民を捉え、憩いの場としてのトリスバー、サントリーバー、ニッカバー等が都市から日本全国に急拡大した。地殻変動的にウイスキー市場が成立し、ウイスキーは一部の階級の酒から市民の酒へと転換した。この戦略の優れた所は単にウイスキーが安く飲めるというだけでなくウイスキーや洋酒と共にある洋風感、解放感、楽しさを味わえる生活スタイルを提示したことであろう。これらを演出し一世を風靡した開高健、山口瞳、柳原良平らの広告が光り、今尚語りつがれている。

このハイボールが次第に日本独自の水割りに移って行った。これは企業戦略というより自然発生的なものだったと思う。佐治敬三は「水はプリズムの役割を果たす」とよく言っていたが、言いかえれば、ウイスキーに少し加水すれば酒質や特徴がよく分かるということで、当時の所得の増大もあってより高いウイスキー製造への移行が急速に進んだ。原酒の需要の増大で各社の増設、新設が相次いだ。

1966年私達は山崎蒸溜所内にジャパニーズウイスキーの高品質化のための研究所を設立した。ここには1仕込醪量2kℓでウイスキー1樽分が得られるパイロットプラントを備えたユニークな研究所であった。スコッチでも独自のLABO（研究所）を持っていたのは当時DCLとChivas位であったろう。私達は先ずはスコッチの第1級品に追いつくことを狙い全工程をゼロから見直すことから始めた。佐治敬三、大西工場長をトップとする蒸溜所、ブレンダー室、中央研究所の分析専門家の多大なバックアップを受け初期の数年でいくつかの成果を生み出した。研究結果に対する社長の反応は特に早く大きな刺激となった。この研究所の創立が、後のサントリーウイスキーの高品質づくりの起点になったと自負している。

当時の山崎蒸溜所の仕込は進歩したビールの湿式粉砕法を採用していたが、この方式では粉砕、糖化、濾過共にウイスキー醸造に適していないことを明確にし大きく変更した。ピートの質や焚き方の影響、酵母の組み合せ、蒸溜における銅の主要な役割等を明らかにしたのも収穫であった。１９６８年には佐藤（チーフブレンダー）と嶋谷のスコッチの視察、その後稲富（後のチーフブレンダー）と永田（2代目山崎研究所長）のスコッチでの実習、ヘリオットワット大学への留学等でスコッチから多くの刺激と教訓を頂いた。

更にウイスキーの製品輸入自由化に際し、ウイスキー用輸入麦芽の関税が取り払われたが、ビール用麦芽との区別が通関上必須となった。ウイスキー用のピート麦芽としてそのスモーキー成分の有無の判定を大蔵省関税分析所と共同開発した。この方法は麦芽のスモーキー成分の定性、定量分析であり、これが起点となって後の原料から製品に至るまでのスモーキーの研究や現場での活用に貢献する様になった。

1973年にサントリーの第2の蒸溜所となる白州蒸溜所が稼働した。敷地は蒸溜所と樽工場合計で30万坪の森林で、生産規模はモルトウイスキー蒸溜所としては当時では世界最大のものであった。内容については第5章に詳述した通りであるが、50年以上前の自然環境重視の佐治敬三社長の慧眼（私は敬眼といっている）は現在のSDGsの原点になったと思うし、白州のウイスキーの酒質にもよく投影されている。この建物群は建築業協会賞を、その後自然環境保護の観点から環境庁長官賞と総理大臣賞を受賞した。

日本のウイスキー市場は伸び続け従来入れなかった和風市場への「二本箸作戦」の成功で和風料亭、すしや、居酒屋でも飲まれ、サントリーオールドは世界のトップブランドとなった。又、サントリースペシャルリザーブ、サントリーローヤルの1階級上の製品も好評で日本は世界第2のウイスキー消費国となった。

しかし、1983年をピークとして日本のウイスキー市場は急変し、20数年に及ぶ縮小、生産減に追い込まれる苦闘の年月に入った。これには増税、焼酎人気、世界的な酒のライト化、ホワイト革命等が考えられるが、私達は70年代後半より原酒の多様化の必要を認識し対応を考えていた。日本とスコッチの大きな違いはスコッチは100近い蒸溜所からブレンダーは好みの原酒を選べるのに対し日本は1社で多種類の原酒を用意する必要がある。その為の品質を生み育てる技術力が必要であるということである。市場の縮小が続く中で私達は「もう一度新しいウイスキー時代を創造するんだ」という強い挑戦心と忍耐力で研究開発を進めた。それこそ現場は勿論のこと製造に関わる全部門を結集して社内プロジェクト「W-project」として高品質化と多様化につながると考えられる課題に細部にまで拘り懸命に取り組んだ。300以上もの研究開発や現場応用の報告が出ている。

これらの成果を白州、山崎蒸溜所の大改修に活かした（山崎の内容は第5章に詳述）。又、その頃から工場見学のお客様の姿勢も大きく変わりつつあった。さっと現場を見聞きして早く試飲の場へという姿勢から、ウイスキーとは何ぞや、あの香味はどうして出てくるのか、よく飲んでいる方からほとんど飲まれていない方までも見る眼、聴く耳が鋭くなってきていた。そしてウイスキーを飲むキッカケとなるのは蒸溜所見学が一番多い（特に女性の方）という調査データもあった。蒸溜所の改修、新設に当たって、お客様を一層重視する考えが高まってきていた。

私が深く関わった洋酒技術研究会においても日本の洋酒技術を深く引き上げてこられた各社の有力な造り手やブレンダーの方達と日本のウイスキーの現状と将来について何度も内容の濃い討議を行ってきた。これらの懸命な努力の間も市場は尚縮小を続けた。スコッチはこの時期不況を脱け大きく伸び続けていた。

一方優れたブレンダー達はこれらの成果を活かし後に世界で高評価を得るシングルモルト、ブレンデッドの名品を市場に出してくれた。ジャパニーズウイスキーであるサントリーウイスキーの高評価は20数年の苦闘の中諦めず、耐え、高品質化、多様化への努力の結果といえるだろう。

ジャパニーズウイスキーの高品質は２０００年代初頭より世界に認知される様になってきていた。ＩＳＣの審査員をした輿水精一（サントリー）と佐藤茂生氏（ニッカ）もそれを実感されていた。そしてジャパニーズウイスキーや蒸溜所が最優秀賞をとり始めそれが毎年続いた。この人気がバーを通じて日本に反響し始め、急速に『山崎』、『白州』のシングルモルト、『響』の需要が増大した（ニッカも同傾向であった）。一方営業第一線の卓抜な発想と現場感覚がお客様の嗜好の流れを捉えてハイボールが前面に出てきてウイスキーは年寄りの酒から若者の酒として再浮上してきた。この日本のスタンダード製品の品質の高さも前出の輿水、佐藤両氏が世界のコンペティション等で以前から感じていた。買い易いブレンデッドが市場を開拓し、高級ウイスキーの需要と相まって新しいウイスキー時代が創造されつつある。鳥井信治郎が100年前に掲げた大きな夢が漸く実現したといえるだろう。

以上は造り手からの回顧である。今日までの日本のウイスキーの成長を支えたのは勿論日本のウイスキーの愛飲家であり、縮小期の厳しい眼も又ファンの方々の批判であったのである。感性の鋭い日本の洋酒業務店の方達、愛飲家、そしてウイスキーの情報発信やイベントを催される方達のこの100年への寄与を私達は第一に感謝するべきであろう。

これからの日本のウイスキーへの期待と提案

現在、世界中でウイスキー市場は拡大している。スコッチの大手の蒸溜所は規模を一層大きくし効率化を高めているし、各国でクラフト蒸溜所が急速に増えている。日本のウイスキー市場も一見賑やかで活気に溢れている。大手はフル稼働であるが長期の減産が響いて熟成原酒が不足し世界的高評価の中で市場の需要に応えきれていない。ウイスキーの持つ宿命といえようか。これらを反映してか日本のクラフト蒸溜所がこ数年で120を超えるまでに増加し、一部では熟成不十分な製品、半製品が驚く様な価格で売られている。ウイスキーの輸出額も酒類の中でトップに位置しており大手の供給が十分であれば更に上積みになっていると考えられる。しかし長期で見た場合、今日の状態は一時的なものと考えた方がよいであろう。需要が回復したといっても最盛期の半分程度であり、輸出額もスコッチの1／20程度である。

日本のウイスキーが世界で高い評価を受けているのはIdentity（特性）の確立とDiversity（多様化）をやっと身につけたからであり、それをなし得たのは①創業者の高い志と挑戦力②伝統に謙虚に学びそれを超えるための研究開発を長年にわたって続けてきた③何度かの危機を日本独自の対策で乗り越えてきた④日本の豊かな自然環境と豊富な水⑤日本人が持つ豊かで繊細な感性（飲み手の鋭い感度）等であり、これらは今後についても第一に考えておくべきことであろう。決して一時の人気に一喜一憂すべきではなく日本の１００年の盛衰や政府の支持もなく高い税や圧力、不況に苦しんだスコッチの闘争の歴史に深く学ばねばならない。

造り手にとっての問題の本質は量ではなく質である。江戸時代に遡って見ても大量に飲まれた江戸における清酒の中で灘の酒の人気は圧倒的だったという。幕府が支援した関東の造り酒屋の連合の酒はどうしても灘の下り酒には勝てず連合を解散してしまっている。これには優れた水や米に拘り水車を用いた均一な精米、寒期における生酛醸造等によるキレが良くて中味に充実感のある高品質にあった。そして船による運搬や販売にも独自性があったといわれる。

又、最近次の様な記事を読んだ。ＬＶＭＨ（ルイヴィトンモエヘネジー）の会長（CEO）であるベルナール・アルノー氏がApple（アップル）社の共同経営者でありiPhoneの生みの親であるスティーブ・ジョブズ氏に尋ねた。「iPhoneは30年後も使われていると思うか」。これに対しジョブズ氏は「分からない」と応えたのに対しアルノー氏は「私達の造るDom Pérignon（通称ドンペリ・高級シャンパン）は今後何世紀にわたって世界で飲まれ続ける」と断言した。世界の銘酒といわれるお酒は誇るべき遺産でありいつまでも生き残り、人の心と生活を豊かにする力を持っている。私達のウイスキーもそういわれるまでになりたいと願っている。

ジャパニーズウイスキーの造りはスコッチに準じているので性格に共通性があり、マイケル・ジャクソン氏も「兄弟の間柄にある、しかし明らかに違う所がある。音楽でいえばスコッチはベートーヴェンのオーケストラであり、ジャパニーズウイスキーはヴィバルディの弦楽四重奏」といっている。サントリーでも自社ウイスキーは温和で繊細な香味、上品な甘美とのハーモニーとミズナラ香を特徴としてあげており、これに対しスコッチは性格が明確で強く、スモーキーが目立つ、そして各社それぞれ特性を持つと表現している。

しかしこれまでの日本の酒税法の定めるウイスキーの定義には曖昧な部分があり中味について疑義、問題点があったのも事実である。特にジャパニーズウイスキーと称することができる製品についてこれまで不透明だった部分——穀物以外の原料の使用、貯蔵年数の規定、外国産ウイスキーのブレンド等——を明確に区別しなくては高い評価が得られなくなる可能性が高くなっていた。幸い日本洋酒酒造組合が真摯に議論を重ね、現在は自主基準ながらスコッチよりも厳しいジャパニーズウイスキーの定義を明確にした。

ウイスキー業界に携わる人達はあげてこの基準を順守することが日本のウイスキーの将来を約束することにつながることとなろう。2021年に定められたそのジャパニーズウイスキーの定義とは

1. 原料は麦芽、穀類、水——水は日本国内で採取されたもの
2. 糖化、発酵、蒸溜は日本国内の蒸溜所で行うこと
3. 蒸溜は溜出時のアルコール度数は95%未満とする
4. 熟成は容量700ℓ以下の木製樽に詰めて、樽詰日の翌日から起算して3年以上、日本国内において行うこと
5. 瓶詰め(容器詰め)は日本国内において容器詰めし、その場合のアルコール度数は40%以上とすること
6. 瓶詰め(容器詰め)に際して、色調整のためのカラメルの使用は認められる

勿論、全ての日本のウイスキーがジャパニーズウイスキーの定義に従うべきもので

ないことは明らかで、この称号を使わないブレンデッドや世界中の原酒を使っての製品等の多様な特性をもつ製品の可能性も多くあるだろう。

さて、ここで「日本のウイスキー」というカテゴリーについて考え、提案してみたい。世界の5大ウイスキーの1つとして頭角を現した日本のウイスキーはアイリッシュ、アメリカン（バーボン）、カナディアンと違って製法はやはりスコッチに準じている。ジャパニーズウイスキーの定義が明確になったこの時点で是非ジャパニーズウイスキーの特性表現をしたいと考えている。日本全国となるとスコットランドに比べて広く、南北にも長くなっているので大括りな共通性の表現は難しいが、私の期待する案として次の様に提案したい

1. 日本の水の良さ――飲んでおいしくウイスキーにクリーンさを与える
2. 明確な四季の変化――熟成にアクセントを与える
3. 熟成期間の長さ――ウイスキーに最重要なハーモニーと奥深さを与える
4. 日本人の持つ物造りへのこだわり――絶えざる向上心と匠の技
5. 水割りやお湯割りに向くブレンデッド――食中酒としてのウイスキー

現在、ウイスキー造りの仲間が増え、地域も拡がりそれぞれが志、目標を持ち環境

を生かし技を磨いている。数年後、数十年後にどれ程の特性を持つすばらしいジャパニーズウイスキーが出てくるかが楽しみである。又、社会情勢の変化に伴って飲み手も新しくなり評価も変わってくるかもしれない。唯、今売れるからといって質とかけ離れた価格は長期的に見た時必ず人気を失う。ウイスキーは一部の階級、富裕層だけの酒でなく広く市民に愛され続けるものでなければならないことは肝に銘じておくことが大切であろう。

100年はまだプロローグである。ここを再出発の起点としてウイスキー造りの仲間が質と多様化の技を磨き合い、日本人が誇りにできる、そして海外の人達から日本の文化と共に尊敬されるジャパニーズウイスキーを世界に拡げていって欲しい。世界にジャパニーズウイスキーを待ち受けている未開拓の地が広く存在していることを信じて。

余滴――92歳まで生きて――

思いもしなかった92歳まで生き日本のウイスキーの創業（山崎蒸溜所の稼働）

１００年と、自ら建設プロジェクトリーダーを務めた白州蒸溜所50年を見届ける幸せを得た。そして社外にも多くの酒友を持つことができた。苦楽を共にした同年代の仲間はほとんど逝去してしまっているので貰い仲間を代表して両蒸溜所を見守りたいと思っている。拙宅の応接間はすっかりバーと化し、１００本程のウイスキーを置いて毎夕楽しんでいるが、時どき旧い酒仲間が集まってくれて酒談義をくり返している。

この拙著の初版は１９９８年で日本のウイスキー市場はまだ縮小一方の中であったので何とかウイスキーの秘める魅力を知って頂きたい一心で書きその望みを21世紀に託した。そして２００３年の改訂版時は創業80年であったが市場にはまだ上昇傾向は見られなかった。しかし街の酒場（バー等）で世界的な品質水準が認められつつあり、ウイスキーを愛してやまない方達が何ともいえないその魅力や引力を語りかけておられた。

他方、スコッチは１９９０年代大成長に入りつつありそれが現在に続いている。従って造る側も様相が大きく変化し特に大手の蒸溜所は製造規模を大幅にアップし効率化も進めており、その香味特性も往時と変わってきていると感じる。スコットランドに留まらず世界各国で大小様ざまなクラフト蒸溜所が生まれており将来どんなウイスキーが現れるか予想するのも難しい。

世界は今やウイスキーの時代に入っており望みも叶ったわけだが、それだけに将来に多くの課題も抱えている。政治的、社会的環境が大きく動いており寧ろ不安要素の方が多くなっている。ウイスキーはいつの時代も人を楽しくさせる平和の象徴であるが、世界は恥じるべき戦争と分断、それに起因した穀物、エネルギー、流通コスト、大幅な上昇が進みつつあり、地球の温暖化、新型コロナウイルスのパンデミック、富の不公平化等もウイスキー業界に深刻な影響を及ぼす。又、これだけ新しい蒸溜所が稼働すると樽の調達も大きな問題となろう。

いろいろの課題、苦難を克服できてこそ将来が拓ける。ウイスキーに関わる方達は「高い志、継続は力、深は新なり」の信条を持って世界の中での日本のウイスキー時代を築いて行って頂きたい。

あとがき

酒は理論を説き聞かされたり、理屈をこねて飲むものではない。各人が好きな酒を、好きな時に、好きなやり方で飲むのが一番おいしいだろう。

しかし酒の造り手、育てる人の立場からいわせてもらうと、その酒のもつ本性や育てる人の心意気みたいなものを飲み手に少しでも伝えたいと願っているものである。ウイスキーにはこんな隠れた所があってそれが大きな魅力になっているんですよというように。そして育てる人と飲み手との交流がウイスキーを一層味わい深いものに発展させていく力になるものと私は信じている。

色いろと想いつくままに自由に書かせて頂いたが、ウイスキーの味わい深さや魅力をどれ位表わすことができたか、また分かって頂けたか甚だ心許ない。最近、自然への回帰、長年月をかけた熟成の味わい深さ等でウイスキーのファンが増えつつある。21世紀の情報化時代には、ウイスキーは大人の寛ろぎを得る最適な酒の一つであると推奨したい。

新版　あとがき

造り手の現場から退いて30年近くになるが、今もウイスキーから別れないで毎夕ウイスキーが傍らに居り、我が家のホームバーには酒友が集う。

この味わい深いウイスキーが二十一世紀に花開くことを強く願っていたが、その夢が叶ったのだろうか。否、まだこれからと思いたい。

次の時代の造り手達には、もっと広く、もっと多彩に、もっと味わい深く、ジャパニーズウイスキーを愛飲頂く皆様に届けられるように努めて頂きたいと願う。

嶋谷幸雄

初出
・第1章〜第6章（一九九八年一月四日）
・第7章（二〇〇三年七月十一日）
・第8章（二〇二五年一月十五日）

■参考文献

- 世界の酒（1957、坂口謹一郎著、岩波新書）
- 洋酒天国（1960、佐治敬三著、文藝春秋）
- 新洋酒天国（1975、佐治敬三著、文藝春秋）
- 洋酒夜話（1968、藤本義一、東京書房）
- 洋酒伝来（1992、藤本義一、TBSブリタニカ）
- ウイスキーのフォークロア（1977、梅田晴夫、柴田書店）
- ウイスキー博物館（1979、梅棹忠夫・開高健監修、講談社）
- 懐石サントリー（1980、サントリー、淡交社）
- 新懐石サントリー（1987、サントリー、TBSブリタニカ）
- 洋酒天国１、２、３（1983・1985、開高健監修、TBSブリタニカ）
- スコッチシングルモルト全書（1990、平澤正夫、たる出版）
- スコッチへの旅（1991、平澤正夫、新潮選書）
- スコッチモルトウイスキー（1992、加藤節雄・土屋守・平澤正夫・北方謙三他、新潮社）
- モルトウイスキー大全（1995、土屋守、小学館）
- ウイスキー入門（1992、福西英三、保育社カラーブックス）
- DISTILLERY　PACKAGE（1992、橋口孝司）
- 洋酒技術研究会　20周年・30周年・40周年特集号（1979･1992･2002,洋酒技術研究会編）
- 酒の科学（1995、吉澤淑編、朝倉書店）
- ブレンデッドスコッチ大全（1999、土屋守、小学館）
- 改訂版　モルトウィスキー大全（2002、土屋守、小学館）
- シングルモルトウィスキー銘酒辞典（2003、橋口孝司、新星出版社）
- サントリークォータリー（サントリー）
- 世界の名酒辞典（講談社）
- 錬金術（1963、吉田光邦、中公新書）
- 銅の文化史（1991、藤野明、新潮選書）
- 樽とオークに魅せられて（2000、加藤定彦、TBSブリタニカ）
- ウイスキーは日本の酒である（2011、輿水精一、新潮新書）
- 日本ウイスキーの誕生（2013、三鍋昌春 、小学館）
- 日本ウイスキー世界一への道（2013、嶋谷幸雄・輿水精一、集英社新書）
- 最新ウイスキーの科学（2018、古賀邦正、講談社ブルーバックス）
- ウイスキーと風の味（2023、佐藤茂生、共同文化社）
- SCOTCH,The Whisky of Scotland in fact and story（1966,R.B.Lockhart,Putnum）
- SCOTCH WHISKY（1969,D.Daiches,Andre Deutsch）
- SCOTCH,ITS HISTORY AND ROMANCE（1973,R.Wilson,David & Charles）
- 1000 Years of Irish Whisky（1980,M.Magee,The O'Brien Press）
- THE MAKING OF SCOTCH WHISKY（1981,M.S.Moss & J.K.Hume,James & James）
- THE WORLD GUIDE TO WHISKY（1987,M.Jackson,Dorling Kindersley）
- MALT WHISKY Companion（1989,M.Jackson,Dorling Kindersley）
- MALT WHISKY ALMANAC（1989,W.Milroy,Lochar）
- トリス広告25年史（坂根進編、サン・アド）
- 江戸の酒―つくる・売る・味わう（2016、吉田元、岩波現代文庫）

■写真提供　サントリー株式会社

◎著者プロフィール

嶋谷幸雄（しまたに　ゆきお）

1932年大阪府堺市生まれ。大阪大学大学院修士課程を経て、'56年寿屋（現サントリー）入社。当初は主としてワインに携わるが、その後ウイスキーに転じる。'66〜'71年山崎研究所長。白州蒸溜所建設マネジャーから初代工場長（'71〜'77年）。酒類・食品研究所長（'77〜'84年）。'80年取締役。山崎蒸溜所工場長（'86〜'92年）。サングレイン（現知多蒸溜所）代表取締役社長（'92〜'97年）。'97年退社。洋酒技術研究会長（'04〜'11年）。在職中は大阪大学、関西大学非常勤講師を務める。

新版
WHISKY SYMPHONY
ウイスキーシンフォニー
——ウイスキー造り一〇〇年を超えて——

二〇二五年三月十五日　新版発行

著者——嶋谷幸雄
Yukio Shimatani

装幀——渡辺一郎
発行者——髙山惠太郎
発行所——たる出版株式会社
〒五四一－〇〇五八　大阪市中央区南久宝寺町四－五－一一－三〇一
☎〇六－六二四四－一三三六（代表）
〒一〇四－〇〇六一　東京都中央区銀座二－一四－五　三光ビル
☎〇三－三五四五－一一三五（代表）
印刷・製本——株式会社小田
定価——本体一五四〇円（本体一四〇〇円）

ISBN978-4-905277-43-9 c0077

ジャパニーズウイスキー年表（1923年―2024年）

※「サントリー百年誌」、JWIC「日本ウイスキーの歴史」を基にたる出版にて作成。なお、クラフトウイスキーには言及していない。

1923年（大正12年）寿屋、鳥井信次郎が本格ウイスキーの製造をめざし大阪府山崎に用地取得。蒸溜所建設スタート。

1924年（大正13年）山崎蒸溜所竣工。竹鶴政孝、初代工場長に就任。

1929年（昭和4年）寿屋、日本初の本格ウイスキーとなる「サントリーウイスキー（白札）」発売。

1934年（昭和9年）竹鶴政孝、大日本果汁を設立。10月北海道余市に工場完成。

1936年（昭和11年）大日本果汁、酒造免許を取得。ウイスキーの蒸溜を始める。

1937年（昭和12年）寿屋、「サントリーウイスキー12年もの（角瓶）」発売。

1938年（昭和13年）寿屋、大阪梅田に直営サントリーバー第1号店を開店。

1940年（昭和15年）大日本果汁、第1号ウイスキー「ニッカウヰスキー」（Rare

Old）発売。

１９４６年（昭和21年）寿屋、戦後改めて「トリスウイスキー」発売。

１９４７年（昭和22年）寿屋、大分県臼杵市にグレーンウイスキーの製造工場を竣工。

１９５０年（昭和25年）寿屋、「サントリーウイスキー　オールド」発売。

１９５２年（昭和27年）大日本果汁、社名をニッカウヰスキーに変更。

１９５３年（昭和28年）日本洋酒酒造組合設立。

１９５５年（昭和30年）大黒葡萄酒、軽井沢蒸溜所（長野県北佐久郡御代田町）建設。

翌年よりモルトウイスキー生産を開始。

１９５６年（昭和31年）寿屋、チェーンバー向けＰＲ誌『洋酒天国』（編集長・開高健）発刊。

１９５７年（昭和32年）大黒葡萄酒、「ホワイトオーシヤン」発売。

ニッカ、「ブラックニッカ」（特級）発売。

１９６０年（昭和35年）寿屋、創業60周年記念で「サントリーローヤル」（特級）発売。

１９６１年（昭和36年）大黒葡萄酒、オーシヤンに社名変更。

１９６２年（昭和37年）三楽酒造、オーシヤンを合併し、社名を三楽オーシヤンに変更。

1963年（昭和38年）ニッカ、「スーパーニッカ」（特級）発売。

1964年（昭和39年）寿屋、社名をサントリーに変更。

サントリー、「サントリーレッド」発売。ニッカ、「ハイニッカ」発売。

1965年（昭和40年）ニッカ、カフェグレーンを使った「新ブラックニッカ」（1級）発売。

1969年（昭和44年）ニッカ、宮城峡蒸溜所（宮城県仙台市）を開設。

1971年（昭和46年）ウイスキーの貿易が完全自由化。

1972年（昭和47年）キリン・シーグラム設立。

サントリー、サングレイン知多蒸溜所（愛知県知多市）設立。

1973年（昭和48年）サントリー、白州蒸溜所（山梨県北巨摩郡白洲町）を開設。

キリン・シーグラム、富士御殿場蒸溜所（静岡県御殿場市）開設。

1974年（昭和49年）キリン・シーグラム、「ロバートブラウン」（特級）発売。

1976年（昭和51年）三楽オーシヤン、「軽井沢」（特級）発売。

1981年（昭和56年）サントリー、白州東蒸溜所（現白州蒸溜所）を開設。

1984年（昭和59年）サントリー、「ピュアモルトウイスキー山崎」発売。

ニッカ、「シングルモルト北海道」発売。

江井ヶ嶋酒造、ホワイトオーク蒸溜所（兵庫県明石市）を開設。

1985年（昭和60年）三楽オーシャン、社名を三楽に変更。

本坊酒造、長野県宮田村に信州工場（現・マルス信州蒸溜所）を新設。

1989年（平成1年）ニッカ、スコットランドのベンネヴィス蒸溜所を買収。ニッカ、「シングルモルト余市」、「同仙台宮城峡」発売。

サントリー、創業90周年記念して「響」発売。

木桶発酵槽、直火焚き蒸溜を導入するなど山崎蒸溜所の設備改修を行う。

1990年（平成2年）三楽、社名をメルシャンに変更。

1992年（平成4年）サントリー、「シングルモルト山崎18年」発売。

1994年（平成6年）サントリー、スコッチのモリソン・ボウモア社を買収。

サントリー、「ピュアモルト白州」発売。

1997年（平成9年）サントリー、「響30年」発売。

1999年（平成11年）ニッカ、「シングルモルト仙台」発売。

キリン・シーグラム、「エバモア」発売。

2000年（平成12年）ニッカ、「竹鶴35年ピュアモルト」、「竹鶴12年ピュアモルト」発売。

2001年（平成13年）ニッカ、アサヒビールと営業統合。

2002年（平成14年）キリン・シーグラム、社名をキリンディスティラリーに変更。

2004年（平成16年）サントリー、樽売りの「オーナーズカスク」販売開始。

キリン、「The Fuji-Gotemba」2種発売。

ニッカ、「ニッカウヰスキー35年」発売。

2005年（平成17年）サントリー、「シングルモルトウイスキー山崎50年」発売。

キリン、「富士山麓」2種発売。

ベンチャーウイスキー社、「イチローズモルト」発売。

2006年（平成18年）キリン、メルシャンを買収し、酒類事業の業務提携を行う。

サントリー、「シングルモルト白州18年」発売。

2007年（平成19年）キリン、「シングルカスク富士御殿場10年」発売。

メルシャン、キリングループと業務提携を行い傘下企業となる。

ニッカ、「カフェモルト12年」発売。

2008年（平成20年）ハイボール人気が復活。

サントリー、「白州25年」発売。

2009年（平成21年）サントリー、「響12年」発売。

2010年（平成22年）ISCでサントリーが日本で初めて「ディスティラー・オブ・ザ・イヤー」を受賞。

2012年（平成24年）サントリー、ノンエイジの「シングルモルト山崎」「シングルモルト白州」発売。

アサヒ、「竹鶴25年ピュアモルト」発売。

2013年（平成25年）サントリー山崎蒸溜所、ポットスチルを45年ぶりに4基増設、16基となる。

サントリー白州蒸溜所、コフィー式連続式蒸溜機を導入してグレーン生産を開始。

2014年（平成26年）サントリー、米ビーム社を買収。ビームサントリーが誕生。

NHK連続テレビ小説『マッサン』（竹鶴政孝・リタ夫妻がモデル）放送開始。

2015年（平成27年）サントリー、ノンエイジの「響 ジャパニーズハーモニー」「知多シングルグレーン」など発売。

サントリー白州蒸溜所、ポットスチル4基増設。

2019年（平31／令1年）第1回東京ウイスキー&スピリッツコンペティション（TWSC）開催。

サントリー、ワールドブレンデッド「碧 Ao」発売。

2020年（令和2年）キリンディスティラリー、シングルグレーン「富士」発売。

マルス津貫蒸溜所、「ザ・ファーストシングルモルト津貫」発売。

キリンディスティラリー、ワールドブレンデッド「陸」発売。

サントリー、「山崎55年」を100本限定、300万円で発売。

サントリーの「山崎55年」が海外のオークションにて約8,500万円で落札される。

キリン、「キリンシングルグレーン富士30年」を発売。

ワールドブレンデッドモルト「ニッカセッション」を発売。


2021年（令和3年）日本洋酒酒造組合、ジャパニーズウイスキーの定義を策定、4月から施行する。

「ジャパニーズウイスキーの日」制定記念（4月1日）の全国一斉乾杯イベント開催。


2022年（令和4年）国税庁主催の「ジャパニーズウイスキーシンポジウム」開催。

サントリー、ワールドウイスキー「碧 Ao〈SMOKY PLEASURE〉」発売。

サントリー知多蒸溜所、カフェ式連続式蒸溜機を新たに設置し、本格稼働を開始。


2023年（令和5年）「東京インターナショナルバーショー2023」が開催され、サントリー、ニッカウヰスキー、キリンディスティラリー、本坊酒造、ベンチャーウイスキーが協働して各社の原酒を使い、それぞれが製造したブレンデッドウイスキー「ウイスキー100年プロジェクト—Fellow Distillers—」披露される。

サントリー白州蒸溜所、リニューアルオープン。

サントリー山崎蒸溜所、リニューアルして一般公開を再開。

サントリー、「LEGENT」（リージェント）を数量限定で国内新発売。

2024年（令和6年）
サントリー、「サントリープレミアムハイボール白州〈清々しいスモーキー〉350㎖缶」数量限定新発売。
ジャパニーズウイスキー定義の法制化に取り組む一般社団法人日本ウイスキー文化振興協会（JWPC：Japanese Whisky Promotion Committee）発足。